可颂丹麦
面包
手作全书

游东运/著

源于传统法式工法的细腻坚持
手擀可颂丹麦蓬松细致的酥层美味

U0214551

Croissant
Danish Pastry
Marble Bread
Brioche

海峡出版发行集团 THE STRAITS PUBLISHING & DISTRIBUTING GROUP 福建科学技术出版社 FUJIAN SCIENCE & TECHNOLOGY PUBLISHING HOUSE

| 推荐序 |

东运师傅是首届"UniBread烘焙王面包大赛"的冠军得主，当时以作品外形、风味一致的杰出表现，获得评审团，包含法国最佳工艺师（Meilleur Ouvrier de France）托马斯·普朗谢主厨（Chef Thomas Planchot）极高的评价。

过去，台湾地区的面包多师法自日本、欧洲国家，但近十年来台湾烘焙日益成熟，像东运师傅这样优秀的烘焙职人纷纷站上海内外赛事的大舞台，充分展现了台湾烘焙的软实力；越来越多不同风格的面包店，研发出具有台湾当地特色的面包，顾客不只是嘴里吃得美味，视觉上亦是另一种享受，消费者是最大赢家。

面包技艺的创新与传承，是烘焙上下游应共同努力的，统一集团身为烘焙产业的一员，不仅在制粉、制油的技术上精进，严格落实品质与食品安全管理，更戮力栽培优秀的烘焙职人，希望为台湾烘焙业贡献更好的素材与人材。这本书中东运师傅不藏私地示范多种传统的、创新的面包制作技法，无论您是专业职人或业余烘友，一定都能通过东运师傅的分享，认识更多烘焙工艺之美。

统一企业股份有限公司 副总经理

吴诗丰

"要在家做出好吃的可颂丹麦，是不可能的。"也许大家还停留在这样的观念想法，会理所当然地觉得"手擀"美味，是遥不可及的事！

在过去烘焙业发展尚未纯熟，一般人碍于时间速度的掌控，要在家做出口感道地的可颂面包，还得要有真功夫。不过，放眼现今的烘焙教室，将手擀技术带入教学的也不少，显然可见手擀的趋势在专业职人的带动下，已渐渐深入到家庭中。东运这次的出发立意，无非就是针对一般没有专业设备的家庭，以及喜爱可颂面包或想专精面包技艺者，进行"手擀酥层"的技巧与诀窍分享。

提到酥层面包，不得不深入其主要的结构——折叠面团。折叠面团中最重要、也最困难的就是折叠整形的操作，看似细末微小的步骤，却也是影响口感风味的关键，轻视不得。在这本书中，可看到东运为读者做的细心规划，无论是技术操作，或是与酥层面包相关的知识概念，都有清楚而深入的说明。当然，最重要的还有从扎实的基础出发，结合经典与创意手法而呈现的成品。在家里做酥层面包，就像是随时在与时间、温度竞赛，唯有迅速、掌控得宜才能制作出个中细致的风味质地，然而，也如同其他面包制作一样，熟能生巧！因此，跟着这本来自经验、经过反复测试的书学习，相信学会也绝非难事。

这本书，是东运继《歐式面包的顶级手作全书》（编者注：简体中文版书名为《欧式面包手作全书》）之后，暌违二年的最新力作，书中不但延续第一本的精彩，还有更多融合创意手法的精湛分享，相当值得大家再次收藏。如果你想精进手擀酥层面包的技术，那么这本绝对不能错过！

文世成

在2014年的一次比赛中，偶然认识了东运，之后也成了烘焙路上的好友。我所认识的东运，为人谦虚，待人有礼，对于面包的技术学习更是用心钻研，时常可看到他有新的创意，感受到他对烘焙有源源不绝的热情和坚定的意念。本书为可颂、丹麦、大理石、布里欧的创新之作，书中有详细完整的图解示范，可让烘焙爱好者轻松入门，感受东运对面包的创新，是值得收藏的一本书。

2015 Mondial du Pain法国世界面包大赛　总冠军

陈永信

这几年之中，我创立了Lilian's House这个品牌，位于汐止的一间烘焙教室，我们与各个职人级的烘焙师傅合作，通过工作坊的形式，提供基础到专业等多种不同层次的课程，使每位参加的学员都能够深入了解烘焙的艺术。在这些合作过程中，游东运老师是其中让我印象最为深刻的一位师傅，他拥有15年以上的专业面包职人经验，并且在两次世界面包大赛中获得佳绩。大部分参与过他的课程的学员，都是慕名而来的，但课后都对这个课程留下了美好的回忆。据我的观察，他把自己的职业经验充分地转化为一般人都可以接受的语言，深入浅出地一步一步带着学员们完成每个作品，他在课堂里讲解的每个步骤与细节，都让我感受到他的细心，这种细心使他照顾到每位参与课程的同学，我想这点是尤其困难的，因为每堂课的同学，都来自四面八方，有着不同的年龄、个性与期待，他在每次与同学们的互动中调整自己讲课的步调与方法，却又没有失去他原本已经用心规划好的内容。

面包制作这门艺术非常深奥但同时却又这么接近我们的生活，这可能就是它深深吸引我的原因。记得以前还在念书时，时常在下课时间跑进合作社里买那些刚出炉却又很便宜的面包，在当时一个菠萝面包只要十块台币；之后有机会到欧洲学习这门技艺时，我了解到西方人是如何看待面包与自己的关系，在法国，有间百年的面包品牌店，以特殊材料制作出的菠萝面包，在当地被视为一种时尚，价格超乎我的想像，却依然屹立于巴黎上百年。我想，面包价格无论昂贵或廉价，都无法真正体现面包的价值，对我来说，面包真正的价值应该是某种包容力，它可以被我们视为一种生活的必需品，它同时也可以在人类几百年的历史中，被发展成为一个非常昂贵的时尚产品；它可以是灾区人民保持体力的一个补给品，它同时也可以是世界舞台上代表某个国家或地区的重要形象。

台湾从经济起飞到现在，这个岛屿上的人们，随着经济条件的极大改善，对于品味的要求也愈来愈高，这是人民对于自己生活美学的执着。时至今日，在我创立Lilian's House以后，通过我们精心设计的这些课程，我发现现代人渴望从一个消费者的立场转换成为一位创作者：我们好像不单单只是期望享受那些美味的面包；跟随一个职人学习成为创作者，来打造属于自己的面包，在这个时代好像显得更加重要。也因为这两者转化的关系，让原本只是消费者的我们，有机会从另一个角度来看待自己每天都有可能接触到的这个食物。

在某个程度上，游东运师傅的这本新书，也具有类似的精神，以在家也可制作面包为基础，搭配上精要的文字解说，并附上完整的摄影图片，这些设计不外乎是希望每个人都能通过这本书，在家自己做面包。对我来说，这本新书的推出，提供了有别于工作坊课程的另一种形式的教学，它更加深入并且更接近我们的日常生活。

Lilian's House　经理

许金诰

手擀。幸福美味的感动

——游東暉

关于作者

游东运

拥有 15 年以上专业面包职人经历，
现任昂舒巴黎行政主厨。
凭着对面包的热情以及面包制作的
精湛实力，
持续钻研精进深度的面包烘焙技艺。
专精欧法面包，
以独特的风格开发出多样大获好评
的面包，备受瞩目，
更积极挑战世界竞赛，在选拔大赛
中大放异彩。

现任

· 昂舒巴黎行政主厨
· 统清油脂技师
· 统一面粉技师

比赛经历

· 2019 年度世界面包大赛（Mondial Du Pain）总亚军，及甜酥面包特别金奖
· 2019 年度世界面包大赛（Mondial Du Pain）台湾区选拔赛冠军
· 2017 年度世界面包大赛（Mondial Du Pain）台湾区选拔赛亚军
· 2015 年统一烘焙王争霸赛与人气王双料冠军
· 2015 年度世界面包大赛（Mondial Du Pain）台湾区选拔赛季军
· 2014 年世界烘焙大赛预赛（路易·乐斯福杯，Coupe Louise Lesaffre）台湾区选拔赛优胜

著作

· 《欧式面包手作全书》

特别感谢

本书能顺利拍摄完成，特别感谢统一面粉、统清股份有限公司、Lilian's House 专业烘焙学苑的鼎力协助。

目录

本书通则

＊面团发酵所需时间，会随着季节及室温条件不同而有所差异，制作时请视实际情况斟酌调整。

＊计量要正确，水量可视实际情况斟酌调整！处理面团时要轻柔小心；发酵时表面要覆盖保鲜膜或湿布，不可让面团变干燥。

＊烤箱的性能会随机种的不同有差异；标示时间、火候仅供参考，请配合实际需求做最适当的调整。

＊每种面包各有不同特色，配合制作的难易程度以"★"记号标示等级难易，提供参考。

手擀多层酥软的
极致旅程

Marble Bread 大理石面包

- **内层组织**：断面带有深浅分明的线条纹理。
- **口感**：湿润软弹，滋味香甜，可可风味醇厚。
- **色泽外观**：造型样貌丰富多变。

Brioche 布里欧

- **内层组织**：奶油色均匀质地。
- **口感**：外层松软，内里柔润绵密，滋味香甜，口感轻盈，奶香味浓醇。
- **色泽外观**：具独特松软感，造型百变。

馥郁的奶油芳香，酥脆的口感，层层重叠的温润质地，
独特的外形，美丽的色泽，层叠华丽的造型……
举凡折叠面团制作的可颂、丹麦，以及大理石面包，或精致的布里欧等，
皆属维也纳风甜酥面包 Viennoiserie 的范畴。

这里将通过独特迷人的 4 大类，带您深入美味极致的酥层世界，
一窥折叠面团的美味秘密。

Croissant 可颂

· **内层组织**：层次壁垒分明，气孔分布均匀，展现蓬松轻盈感。
· **口感**：轻巧、酥脆，整体一致，内部口感温润，散发浓郁奶油芳香。
· **色泽外观**：带焦酥的金黄烤色，层次分明，造型立体。

Danish Pastry 丹麦面包

· **内层组织**：酥皮层次分明，气孔均匀蓬松。
· **口感**：外酥松脆内湿润，有多变香醇的内馅，带有浓郁奶油风味。
· **色泽外观**：造型独具特性，外皮烤色偏深。

制作的基本工具

从揉和面团到裹油擀压，不论手揉或用机具制作都可以！这里介绍制作中用到的基本器具。

大型机器

· **搅拌机** | 本书使用的是直立式搅拌机，勾状搅拌臂，适用于软质的面团搅拌。

· **发酵箱** | 可设定适合面团发酵的温度及湿度条件。通常使用于中间发酵及最后发酵。

· **压面机** | 将面团擀压成薄片状的机器，其调整装置可设置面团延展后的厚度。

· **烤箱** | 专用大型烤箱，可设定上下火的温度，也能注入蒸汽。另外也有汽阀，可在烘焙过程中排出蒸汽，调节温度。

中小型工具

· **电子秤** | 用于测量材料分量，有可量测至1g单位的电子秤，以及可量测至0.1g单位的微量秤。

· **搅拌盆** | 可运用在材料的混拌、发酵等作业，有不同的尺寸大小。

· **搅拌器** | 用于溶解酵母或制作奶油馅时搅拌打发或混合材料。钢丝圈数较多的为佳，较好操作。

· **橡皮刮刀** | 用于搅拌混合，或刮取残留在容器内的材料，减少损耗。材质弹性高、耐热性佳的较好。

· **擀面棍** | 用于擀压延展面团，使面团厚度均匀，或在整形时使用。可配合面团的用量及用途选择适合的尺寸。

· **切面刀、刮板** | 用来切拌混合、整理分割面团，也可刮起沾黏在台面上的面团进行整合。

· **网筛** | 用来筛除粉类的颗粒杂质，并筛匀粉末。小尺寸的滤网适用于表面粉末的筛洒装饰。

· **电子温度计** | 测量水温、煮酱温度，以及面团揉和、发酵完成时的温度等。

· **割纹刀** | 切划面团表面切纹的专用刀。

· **滚轮、拉网切刀** | 用于丹麦面团的纹路切划。

· **挤花袋、挤花嘴** | 用来挤制面糊，或填挤内馅。

· **毛刷** | 用来在模型内壁涂刷油脂，防止面团沾黏；或在面包烘烤前涂刷蛋液，完成后涂刷糖水时使用，以增加面包的光亮色泽、防止水分流失。

· **烤焙纸** | 耐热性高，铺在烤模中可避免面团沾黏或烤焦。书中有利用烤焙纸隔开烤盘、压盖烘烤的操作。

面包的4大基本材料

面粉、酵母、水、盐，是制作面包的基本材料，以此为基础再添加油脂、蛋与其他增添甜味、香气的副材料，就能变化出风味丰富的各式面包。

面粉
Flour

面包制作，基本上使用含较多蛋白质的高筋面粉、法国粉，以形成面筋组织，但为呈现部分成品的特色，会搭配不同筋性的面粉调配使用。

酵母
Yeast

酵母的种类，依水分含量的多寡，分为鲜酵母与干酵母。制作面包时，可根据它们不同的特性（见后一页）选择使用。

水分
Water

水可以帮助麸质形成。减少水量会让面包质地变硬，适量增加则能做出柔软而富有弹性的口感。

盐
Salt

盐可紧缩面团的麸质，让筋性变得强韧，若不加盐，会使面团湿软易沾黏，不好塑形。盐的用量基本为粉类分量的 1.5%~2%，用量过多不只会影响风味，还会抑制发酵、影响膨胀。

面粉

· **法国粉** | 法国面包专用粉，专为制作道地风味及口感的法国面包，蛋白质含量近似于法国的面粉，性质介于高筋与中筋面粉之间。其型号（Type）是以灰分含量来区分。

· **高筋面粉** | 蛋白质含量高，容易形成强韧的筋性，是面包制作的主要材料。

· **低筋面粉** | 蛋白质含量低，筋性较弱较易揉和。若想展现出面包的轻量感，可将其与高筋面粉混合使用，不适合单独用于面包制作。

天然风味用料

天然风味粉，如覆盆子粉、紫心地瓜粉、可可粉、咖啡粉、红曲粉等，以及香气浓厚的香草粉、肉桂粉等，不仅可用于表面的装饰，也可混入面团中使用，让面包增添独特风味、香气，并产生色泽。

油脂类

· **无盐黄油** | 不含盐分的黄油，具有浓醇的香味，是制作面包最常使用的油脂。

· **发酵黄油** | 经发酵制成的黄油，带有乳酸发酵的微酸香气，风味浓厚，含水量少，可为制品带来十足奶香。

· **片状黄油** | 作为折叠面团的裹入油使用，可让面团容易伸展、整形，使烘焙出的面包能维持蓬松的状态。

蛋

加入面团中可增加面团的蓬松度，让面包保有湿润及松软口感，并增添面包的营养与风味。入炉前涂刷在面团表面能增添面包的光泽、烤色。

酵母

· **鲜酵母** | 未经干燥的酵母，含水量高达70%，必须冷藏保存（约5℃）。可分成小块直接混在粉类中使用，若是使用在搅拌时间较短的面团里，则可先与水拌溶后再使用。适用于糖分多的面团，以及要冷藏储存的面团。

· **低糖速溶干酵母** | 酵母要有发酵力需要吸收糖分。低糖用酵母的发酵力强，只需要少许糖分就能发酵，适用于糖含量5%以下的无糖或低糖面团。

· **高糖速溶干酵母** | 相对于低糖用酵母，高糖酵母的发酵力较弱，适用于糖含量5%以上的高糖面团，如大理石面团、布里欧面团。

糖类

- **细砂糖**│糖能增加甜味,并能促进酵母发酵、增添面包蓬松感;具保湿性,能让面包湿润柔软。

- **糖粉**│将细砂糖磨碎制成的粉末,可用在面糊制作,面包表面装饰,以及糖霜制作。

- **上白糖**│比细砂糖细致,水分较多,有较佳的保湿性;若没有上白糖,可用细砂糖代替。

- **珍珠糖(细粒)**│颗粒稍粗、呈白色,烘烤也不易熔化,拥有轻甜香脆和入口即溶的口感。

- **蜂蜜**│添加在面团中能提升香气、增加湿润口感,还具有上色效果。

- **葡萄糖浆**│甜度及黏度适中,用于内馅的搭配制作。

麦芽精

浓稠不易溶化,可先溶于水中再使用。含淀粉分解酵素,即淀粉酶,能促进小麦淀粉分解成糖类,成为酵母的养分,可活化酵母促进发酵,并有助于增添烘烤制品的色泽与风味。

乳制品

- **牛奶**│含有乳糖,可使面包呈现出漂亮的颜色,提升面包的风味及润泽度,带来微甜的口感及香气。可视实际的面团种类,与水分调节搭配。

- **淡奶油**│具浓醇的风味,适合精致系的面包使用。

- **奶粉**│牛奶干燥后制成的粉末,带有乳香气味。

- **炼乳**│加糖炼乳可用于甜味浓郁的面团制作。

其他

- **吉利丁片**│凝结剂,溶解温度在50~60℃,须先泡软后再使用。

- **NH果胶粉**│用于熬煮覆盆子果酱。

- **镜面果胶**│涂刷在制成品表面,增添艳亮感,并有保湿作用。

特别讲究的面粉

书中使用的法国粉,为麦典法国面包专用粉(蛋白质含量10.8%,灰分含量0.55%),适用于制作各式欧式面包、丹麦面包、可颂等;高筋面粉,为麦典实作工坊面包专用粉,适用于制作各式面包、吐司等;低筋面粉,为统一面粉低筋一号(蛋白质含量7.8%,灰分含量0.46%)。

特别讲究的油脂

书中使用的裹入油,为卡多利亚片状黄油;配方中使用的无盐黄油,为罗亚发酵风味黄油(罗亚发酵黄油);馅料制作使用的猪油,为香猪油王纯猪油。

增添风味的材料

坚果烤过后更富香气色泽，果干浸渍后饱含水分再运用到面团中，可为面包的口感风味赋予更多变化。

杏仁条

水滴巧克力

橘皮丝

开心果

珍珠糖（粗）

栗子馅

百利可可脆片

杏桃干

玉米脆片

草莓干

杏仁片

干燥覆盆子

果胶

巧克力棒

榛果粒

核桃

黑糖麻薯

蜜渍栗子粒

杏仁角

蜜红豆粒

榛果酱

芒果干

蔓越莓干

苦甜巧克力

炒米花

葡萄干

无花果干

制 作 的 必 知 要 点

将面团包裹黄油、多次折叠擀压后送入烤炉，面团间的油脂会熔化形成油膜，而面团里的水分会汽化，进入油层间，推动各面层彼此分离，让面团膨胀起来，这样，面包最终就形成空隙与面层交相堆叠的形态，因而具有酥脆的口感。这正是酥层类面包迷人的魅力所在！

不同的面团材料、水分含量、油脂种类，以及折叠层次间的相互作用，都影响着面包的成型与质感。为保持稳定的出品，在材料的搭配，以及面团搅拌、裹油折叠、松弛、整形等制作工序上，每个环节都要控制配合，才能成就完美的口感质地。

面团的搅拌搓揉

依面包面团的种类特性，搅拌的程度有所不同。以糖油含量高（软质）的布里欧面团来说，为能制作出松软且润泽的口感，必须搅拌至用手撑开面皮会呈现可透视指腹的薄膜。

由于含油比例高，搅拌时不要在开始就将黄油与其他材料一起搅拌，要等面团已搅拌到有基本薄膜时，再将黄油切小块加入搅拌。搅拌完成的面团最好以低温缓慢发酵，以此产生的风味较好。

包裹入油的面团，因为要包裹黄油反复折叠，而折叠的作业又有近似搅拌的作用，为了不让面团最后形成过强筋性，因此面团不需过度揉和，搅拌到柔软有弹性的状态即可。原则上，包裹入油用

的面团，以搅拌到面筋可扩展到七八分程度的状态较适合，面团有适中的筋性，在裹油操作时才不会破裂，也不会让后续的延展作业变得难以施展。搅拌完成的面团温度控制在25~26℃为宜。

面团状态的确认

搅拌充足的面团带筋度，将面团轻轻延展后能拉出有弹性的薄膜，由此可判断搅拌完成与否。

面筋扩展

面团柔软有光泽、具弹性，撑开面团会形成不透光的面皮，裂口边缘会呈现出不平整、不规则的锯齿状。（例如：可颂／丹麦面团搅拌到此状态）

 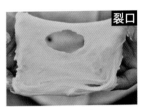

→用手撑开面皮，面皮具有筋性且不易拉断。继续往外撑开形成裂口时，可看到裂口边缘不平整、不光滑。

完全扩展

面团柔软光滑富弹性、延展性，用手撑开会形成光滑有弹性的薄膜，裂口边缘平整、无锯齿。（例如：布里欧面团搅拌到此状态。）

→用手撑开面皮，会形成光滑的薄膜，且继续撑开形成裂口后，裂口边缘平整、无锯齿。

翻面－压平排气（法国老面）

法国老面的翻面（压平排气），就是对发酵后的面团施以均匀力道的拍压，让面团中产生的气体得以排出，后续可以重新产气。

◎三折叠的翻面方法

① 用手轻拍按压面团使其平整。

② 将面团从一侧向中央折叠起 1/3。

③ 从另一侧向中央折叠起 1/3。

④ 再从下方向中间折叠起 1/3。

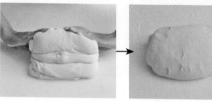

⑤ 再继续翻折叠起。

⑥ 将整个面团翻面，使折叠收合的部分朝下。

酥层的美丽层次

裹油面包的造型多变化，随着造型的不同，折叠的方法也有所不同。折叠的次数决定制品的层次细致度。

黄油的裹入折叠

将黄油裹入面团折叠时，黄油与面团必须具有近似的软硬度、厚度。(判断片状黄油冰后的硬度时，可以弯折其一角，若小角挺立，不会断裂也不会立即躺回，即可。)这样在折叠操作时才能减少断油的情形，才能做出完美细滑的酥层。

裹入的固态黄油需要有一定的柔韧性，太硬或太软都不好。黄油过硬，在擀压时不好延展，

在折叠时容易断裂，不能均匀分布在面团中，从而产生断油情况，使制成的酥层失去连贯的层次；又或使得油脂的颗粒穿破到面层内，破坏油层面皮，导致层次无法分明呈现，烤不出漂亮的面包；至于过软，黄油则容易从面团中溢出，在烘烤时直接与面粉结合，而面粉也会吸收黄油水分，层次也就无法分明呈现。

经过折叠的面团就会变软，为避免黄油在擀制时融化，造成出油或吃油的情况，折叠与折叠的间隙必须视面团状态适当地冷冻松弛。但也不能让面团温度过低，否则油脂会因不当的擀压而破裂，破坏油层。

关于面团转向

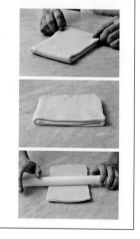

转向90度再擀压，可使面筋向不同的方向延展，而非只是就单方向伸展，若是没有各向平均的延展，面团在烘烤时将会变形，或是会不均匀地收缩，烤不出美丽的造型。

折叠次数带来的层次差异

擀折的次数越多，面皮与面皮间的黄油层就越薄，层次自然繁复。

折叠层次时，基本上会进行 3 次 3 折的作业，不同的折叠方式，会呈现不同的口感、风味。因此，可依照想要的口感来增减折叠的次数。

减少折叠次数，层次会比较粗，面层较厚实，能展现酥脆口感，缺点是面团与油脂容易分离。

若增加折叠次数，面包的口感会较轻脆，但相对油脂层也会变得较薄，容易因面团的破裂而沾黏，致使黄油融入到面团里，烤不出漂亮分明的层次。

常见的折叠方式有：

3折3次（3×3×3）；3折2次（3×3）；4折2次（4×4）；3折1次、2折1次、3折1次（3×2×3）。

若是初学者或以手工擀压方式制作的，建议以4折1次、3折1次（4×3）为宜。

◎折叠方式

单折叠（3折）

① 将面团从己侧向中央折叠起 1/3。

② 再将面团从另一侧向中央折叠起 1/3。

③ 折叠成 3 折。

④ 侧面图。

双重折叠（4折）

① 将己侧 3/4 面团向内对折。

② 再将另一侧 1/4 面团向内对折。

③ 再将面团对折（折叠成 4 折）。

④ 侧面图。

◎酥层层次的计算方式

2次双重折叠：$4×4 = 4^2 = 16$ 层次

3次单折叠：$3×3×3 = 3^3 = 27$ 层次

［ 度量与整形 ］

裹油类面包，或非裹油类面包（如大理石、布里欧等），面团切割的流程如同一般面包，都要经过准确的测量。且面团延展切割后，都必须给予松弛的时间，让绷紧的面筋回复弹性，以便后续的整形。倘若没有松弛，就将还呈紧缩状态的面团直接切割或整形，那么面团会因过度的拉扯，发生变形或者破裂。

裁切整形时要避免与切面碰触，尽量采用由上向下压切的方式，因为不当的前后施力拉动与手温都会破坏油层，影响层次的呈现。同时，为形成美丽的层次，在切割擀压好的裹油面团时，会先将不平整的两侧部分切除，并就折边做好标记，再分割裁切。

◎度量与裁切

① 先切除边缘不平整的部分。

② 用尺在两长边测量所需的长度，以刀尖做记号。

③ 为形成漂亮的层次，会先将两侧边切除。

④ 再就标记好的记号，分割裁切。

［ 发酵 ］

为使整形后紧实的面团在烘烤时能膨胀到理想的体积，必须让面团作适度的松弛。整形后的发酵与搅拌后的基本发酵不同，会因面包种类的不同而有不同适合发酵的温度。裹油类面团其发酵温度应低于面团中裹入油的熔点温度。若温度太高、水分流失，油脂融化溢出，折叠形成的酥层层次就会消失，不会分明呈现，烘烤后的质地就会像一般面包，不会有酥脆蓬松的口感。

进行整形完成后的最后发酵，建议先将面团在室温放置大约30分钟，再放发酵箱进行最后发酵（温度28℃，湿度75%)，再在室温下稍干燥5~10分钟，稍作缓解，减少温差造成的压力。

◎最后发酵3部曲

① 将整形好的面团，先放置室温约30分钟。

② 再移进发酵箱作最后发酵。

③ 待发酵完成，再放室温稍干燥5~10分钟，稍作缓解。

④ 完成后进行烤前的涂刷装饰。

关于解冻

面团表面的温度与中心温度一致，烘烤时膨胀性才会好，烤好的成品质地才会佳。若面团中心未解冻完成就烘烤，烘烤后中心处容易形成硬块，因此在解冻时，最好让面团在室温下充分解冻。

［ 烤色的深浓美学 ］

油脂在高温烘烤中熔化所产生的蒸汽是促使层次膨胀的关键之一。原则上烘焙时间取决于制品的大小，但一般来说，为使油层里的水分能迅速蒸发，促使层次膨胀、形成分明层次，烘烤的温度会稍提高，约为210℃~240℃。

如果以低温烘烤，烘烤时间就相对必须延长，这样做不仅会造成油脂流失，无法烤出蓬松酥脆的口感，也会使表面因过度干燥而变硬，破坏原本该有的风味。因此烤焙的温度与时间很重要，温度要够、时间要足，这样才能完全烘烤出层次，烤出酥脆的外皮。

蛋液的涂刷

涂刷蛋液可让烘烤制品有漂亮的光泽烤色，也可以产生黏性贴合酥层皮。涂刷可颂用的基本蛋液，是采用蛋黄、全蛋、盐按照一定比例调和，不同的比例会产生不同的烤色，见下表。至于涂刷布里欧面包用的蛋液，以1个全蛋、少许盐调和均匀即可。

涂刷蛋液时，注意不宜过厚，否则会因表面聚积过多的蛋液造成黏口，或上色不均，或烤色过深、焦黑等。而为了达到最佳的光泽效果，可分别在发酵过程中先涂刷1次，待烤焙前再涂刷1次。

类型	调和比例
烤色浅	蛋黄1个 + 全蛋1个 + 盐少许
烤色适中	蛋黄2个 + 全蛋1个 + 盐少许
烤色深	蛋黄3个 + 全蛋1个 + 盐少许

← 刷毛沿着卷纹方向涂刷，避免破坏层次。

糖水的涂刷

除了涂刷蛋液，为减少烘烤后的上色程度，针对不同的制品特色，会有涂刷蛋白液，或在烤后涂刷糖水的操作。像是双色折叠的面包，为突显面团色彩的光泽亮度，会涂刷以1个蛋白、少许盐调和的蛋白液；或者不涂刷蛋白液，直接在烤好后涂刷糖水提升亮泽度。

糖水

制作：将细砂糖130g、水100g煮沸即可。

香草糖水

制作：将细砂糖130g、水100g煮沸，再加入香草酒30g拌匀即可。

荔枝糖水

制作：将细砂糖130g、水100g煮沸，再加入荔枝酒40g拌匀即可。

美味的保存

可颂丹麦等酥层类面包，是以油脂和面团层层堆叠后烘烤而成。烤焙后层层面皮间形成许多空隙，这就是口感酥脆的原因。然而这样的面包结构在存放一段时间后，就会慢慢塌陷消失。所以若要享受最佳的极致口感，应当在烘烤出炉当日食用。

完成面团的保存

一般自家的需求量不多，而裹油面团的制作，一次大量或少量都不好操作，因此若是在家制作，建议可以食谱配方中的分量为标准，或是其2倍的量。整形好的面团，若无法当天发酵烤完，可用塑料袋包好，冷冻可保存3天，但要注意冷冻温度不能过高（不能高于−5℃），否则会使酵母失去活性，影响产气，烤好的面包体积会偏小，口感会偏硬。

美味的保存与烘烤

酥层类，或咸口味的面包，烘烤出炉当日食用最能享受到极致口感。酥层面包由于外层酥脆容易剥落，可直接放置保鲜盒密封保存，冷冻可保存约7天；布里欧包也是冷冻可保存约7天，同时风味能延续得更好一些。如有咸馅的面包，在高温天气下较容易变质，可冷藏保存1天。

食用回烤时，由于酥层面包，以及含蛋、糖成分高的布里欧类，表面很容易烤焦，所以加热时要特别注意，建议先包覆铝箔纸，再用烤箱短时间加热烘烤。

美味的切法

无论是何种面包，都不适合在出炉时就立刻分切，因为会破坏内部的弹性结构，所以原则上会待冷却后再进行。可颂丹麦这类面包，由于表层是薄脆的，分切时最好是大幅度、缓慢地垂直纵切到底，较能保留酥皮多层次的形状与口感。

酥层里的
美味秘密

在了解基本的制作要点后，
就来挑战制作折叠面团、烘烤酥层面包吧！

制作可颂、丹麦等口感酥脆的面包时，
最困难且最重要的关键，就是折叠的作业，
裹油、折叠、整形，都必须在面团冰凉的状态下进行，
且必须注意不能让黄油在作业中融化，
确保面团与黄油相互隔离、不混淆交融是重点。

自制大理石巧克力片

适用——大理石面团

材料（500g）

牛奶…203g
全蛋…84g
细砂糖…69g
低筋面粉…17g
可可百利巧克力64%…94g
发酵黄油…27g
吉利丁片…6g

做法

01 将吉利丁片放入冷水中浸泡至软化。

02 将牛奶以中小火加热煮沸。

03 将细砂糖、全蛋、低筋面粉混合拌匀。

04 再将煮沸的做法2，冲入到做法3中，边冲边拌混合均匀。

05 再回煮，边拌边加热至质地呈浓稠状态，离火。

06 加入软化的吉利丁拌匀。

07 加入黄油混拌至完全融合。

08 待降温至约45℃，再加入巧克力。

09 搅拌混合均匀至完全乳化。

10 将做法9过筛均匀（或均质至质地细致）。

11 装入塑料袋中，用刮板聚合、平整，推挤出空气。

12 用擀面棍擀压平整成25cm×18cm的片状。

13 冷藏，即成。

擀制片状黄油

适用 —— 可颂、丹麦面团

材料（500g）

片状黄油…500g

做法

01　将冰凉坚硬状态的黄油放置台面，表面覆盖塑料纸。

02　用擀面棍来回仔细地轻轻敲打黄油。

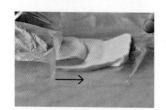

03　将黄油移到塑料纸上，将其一侧1/3向内折叠。

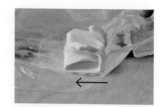

04　将黄油另一侧1/3向内折叠。

05　翻面，转向放置。

06　将塑料纸折起包住黄油，形成一定尺寸的方形，而后用擀面棍擀平黄油。

07　再由中心朝四边角擀压，让黄油充满角落。

若过程中黄油产生融化现象，必须立即冷藏冰镇后再继续操作。

08　擀好一边后再擀另一边。

09　将整体的厚度擀均匀。

10　带着塑料袋放入冰箱冰硬。

将黄油延展至各处硬度相同，放入冰箱降温至小角弯折后会挺立但不会断裂的状态，即可。

市面有售专用于折叠裹入的片状黄油，以及大理石面团专用的大理石巧克力片，可方便操作；若想自制也可依照书中的做法，擀制出所需的尺寸大小加以运用。

使用压面机（丹麦机）擀压面团省时省力，一般家庭没有此种专业设备，也可用手擀的方式操作，只要掌控好速度与时间。

原则上压面机以3折或4折为基本，若是手工擀压，建议采用4折1次、3折1次的擀折方式较为适合。

手工擀压时，建议面团量取得少一些，以便把控质量。

A

3×2×3折叠法

适用 —— 可颂、丹麦类
3折1次，2折1次，
3折1次

包裹入油

01 轻敲平裹入油，平整成软硬度与面团相同的长方状。

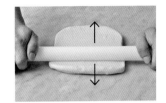

02 将冷藏过的面团稍压平后，从中间开始向前、向后擀压成长片状，长边为将来放入的裹入油的同侧边的2倍长，短边则等于裹入油的另一向边长。

03 将裹入油摆放在面团中间。

04 用擀面棍在裹入油的左右两侧稍按压出凹槽。

05 将左右侧面团朝中间折叠，完全包覆住裹入油。

06 但面皮两端尽量不重叠。

07 将接口稍捏紧密合。

08 将上下两侧的开口捏紧密合，让黄油不外露。

09 完全包裹住黄油，避免空气进入。

10 用擀面棍轻轻反复敲打面团。

11 让黄油和面团可以紧密贴合（防止面团错开分离）。

12 面团转向，从中间向前再向后擀压延展成长片状。

13 擀压平整成0.8cm厚的长片状，再将两短侧边切割平整。

> 3折1次，
> 2折1次，3折1次

14 将己侧1/3面团向中央折叠。

15 将另一侧1/3面团向中央折叠。

16 从侧面看为3折（**3折1次**）。

17 擀面棍轻按压两侧开口边，让面团与黄油紧密贴合。

18 转向，擀压平整后，再对折（**2折1次**）。

19 擀面棍轻按压两侧开口边，让面团与黄油紧密贴合。

20 用塑料袋包覆，冷冻松弛约30分钟。

21 面团擀压平整至0.8cm厚，再将己侧1/3面团向中央折叠。

22 再将另一侧1/3面团向中央折叠，成3折（**3折2次**）。

23 擀面棍轻按压两侧开口边，让面团与黄油紧密贴合。

24 用塑料袋包覆，冷冻松弛约30分钟。

3×3×3折叠法

适用 —— 可颂、丹麦类
3折3次

包裹入油

01 参照第25页"手工擀压折叠面团""A"做法1~13的折叠方式，将片状黄油包裹入面团中，将面团擀压平整成厚约0.8cm的长片状。

3折3次

02 将己侧1/3面团向中央折叠。

03 再将另一侧1/3面团向中央折叠。

04 从侧面看为3折（**3折1次**）。

05 擀面棍轻按压两侧开口边，让面团与黄油紧密贴合。

06 转向，将面团擀压平整后，再将己侧1/3面团向中央折叠。

07 再将另一侧1/3面团向中央折叠，折叠成3折（**3折2次**）。

08 擀面棍轻按压两侧开口边，让面团与黄油紧密贴合。

09 用塑料袋包覆，冷冻松弛约30分钟。

10 面团擀压平整至厚0.8cm。

11 再将己侧1/3面团向中央折叠。

12 再将另一侧1/3面团向中央折叠。

13 折叠成3折（**3折3次**）。

14 轻按压两侧的开口边，让面团与黄油紧密贴合，再包覆塑料袋，冷冻松弛约30分钟。

4×4折叠法

适用 ── 可颂、丹麦类
4折2次

包裹入油

01 参照第25页"手工擀压折叠
面团""A"做法1~13的折叠
方式，将片状黄油包裹入面
团中，将面团擀压平整成厚
约0.8cm的长片状。

4折2次

02 将己侧3/4面团向中央折叠。

03 再将另一侧1/4面团向中央折
叠。

04 折叠成形。

05 再对折。

06 从侧面看为4折（**4折1
次**）。

07 用擀面棍轻按压两侧开口边，
让面团与黄油紧密贴合。

08 用塑料袋包覆，冷冻松弛
约30分钟。

09 将面团放置在撒有高筋面
粉的台面上，擀压平整至
厚约0.8cm。

10 将己侧3/4面团向中央对折。

11 再将另一侧1/4面团向中央
对折。

12 折叠成形。

13 再对折，从侧面看为4折
（**4折2次**）。

14 轻按压两侧的开口边，让
面团与黄油紧密贴合，再
包覆塑料袋，冷冻松弛约
30分钟。

D

4×3折叠法

适用 — 可颂、丹麦类
　　　　新手基础手擀的折叠法
　　　　4折1次，3折1次

包裹入油

01　参照第25页"手工擀压折叠
　　面团""A"做法1~13的折叠
　　方式，将片状黄油包裹入面
　　团中，将面团擀压平整成厚
　　约0.8cm的长片状。

4折1次，3折1次

02　将己侧3/4面团向中央对折。

03　再将另一侧1/4面团向中央对
　　折。

04　折叠成形。

05　再对折。

06　从侧面看为4折（**4折1次**）。

07　用擀面棍轻按压两侧开口
　　边。

08　让面团与黄油紧密贴合。

09　用塑料袋包覆，冷冻松弛
　　约30分钟。

折叠时，边端先对齐，这样才能折
出整齐的面团。四边角若不是呈直
角的话，油脂就无法到达角落。

10　将面团放置在撒有高筋面
　　粉的台面上，擀压平整至
　　厚约0.8cm。

11　将己侧1/3面团向中央折叠。

12　再将另一侧1/3面团向中央
　　折叠。

13　折叠成3折（**3折1次**）。

14　轻按压两侧的开口边，让
　　面团与黄油紧密贴合，再
　　包覆塑料袋，冷冻松弛约
　　30分钟。

E

手擀折叠大理石面团
（披覆白皮）

适用 — 大理石类
4折1次，披覆外层白皮

包裹大理石片

01 将冷藏过的面团稍压平后，从中间开始向前、向后擀压成长方片，尺寸为36cm×25cm，长边为将来放入的大理石片的同侧边的2倍长，短边则等于大理石片的另一向边长。

02 将大理石片摆放在面团中间，用擀面棍在大理石片的两侧稍按压出凹槽。

03 将左右侧面团朝中间折叠，完全包覆住大理石片，但面皮两端尽量不重叠。

04 将中央的接口稍捏紧密合，并将上下两侧的开口捏紧密合。

05 完全包裹住大理石片，避免巧克力溢出。

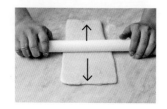

06 转向，用擀面棍将面团分段从中间向前、向后擀压延展成长片状。

07 擀压平整成厚约0.5cm的长片状。

4折1次

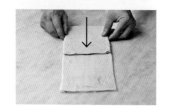

08 用切面刀将两短侧边切割平整。将一侧3/4面团向内对折。

09 再将另一侧1/4面团向内对折。

10 再对折，从侧面看为4折（**4折1次**）。

11 用擀面棍轻按压两侧的开口边，并将气泡擀出，让面团与大理石片紧密贴合。

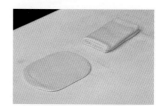

12 另取一块外皮面团，擀压延展成稍大于折叠面团的片状。

13 再将擀好的外皮面团包覆住折叠面团，沿着四边稍加捏紧贴合，而后包覆塑料袋，冷冻松弛约30分钟。

手擀折叠大理石面团

（披覆黑皮）

適用 —— 大理石类

4折1次，披覆外层黑皮

包裹大理石片

01 将冷藏过的面团稍压平
后，从中间开始向前、向
后擀压成长方片，尺寸为
36cm×25cm，长边为将
来放入的大理石片的同侧
边的2倍长，短边则等于
大理石片的另一向边长。

02 将大理石片摆放在面团中
间，用擀面棍在大理石片
的两侧稍按压出凹槽。

03 将两侧面团朝中间折叠，
完全包覆住大理石片，但
面皮两端尽量不重叠。

04 将中央的接口稍捏紧密合，
并将上下两侧的开口捏紧
密合，避免巧克力溢出。

05 转向，将面团分段从中间向
前、向后擀压延展，平整至
厚约0.5cm的长片状。

4折1次

06 用切面刀将两短侧边切割
平整。将一侧3/4面团向内
对折。

07 再将另一侧1/4面团向内对
折，折叠成形。

08 再对折，从侧面看为4折
（**4折1次**）。

09 轻按压两侧的开口边，并
将气泡擀出，让面团与大
理石片紧密贴合。

10 另取一块可可外皮面团，
擀压延展成稍大于折叠面
团的片状。

11 再将擀好的可可外皮覆盖
在折叠面团上。

12 沿着四边稍加捏紧贴合。

13 用塑料袋包覆，冷冻松弛
约30分钟。

香甜美味的内馅与抹酱

别具特色的各式内馅，可增添不同的酸甜风味，不论作为内馅还是装饰搭配都适合！这里介绍与酥层面包相衬的卡士达馅、杏仁馅，让你搭出独具特色的美味。

A 香草卡士达馅

材料

牛奶…500g
香草棒…1支
细砂糖…100g
蛋黄…120g
炼乳…30g
低筋面粉…40g
无盐黄油…40g

做法

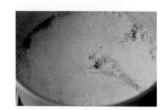

01 香草荚横剖开刮籽，籽与壳一起投入牛奶中，加热煮沸。

04 回煮，边拌边煮至沸腾浓稠状态，离火。

02 细砂糖、蛋黄、炼乳、低筋面粉混合搅拌均匀。

05 加入黄油拌匀至完全融合。

03 待做法1煮沸，冲入到做法2中拌匀。

06 过筛均匀，待冷却，冷藏备用。

B 杏仁奶油馅

材料

无盐黄油…60g
细砂糖…53g
全蛋…60g
杏仁粉…53g
高筋面粉…14g

做法

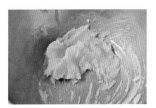

01 将黄油、细砂糖先搅拌均匀至糖融化。

02 再加入杏仁粉、高筋面粉混合拌匀。

03 加入全蛋搅拌至融合即可。

C 榛果馅

材料

葡萄糖…100g
淡奶油…40g
巧克力棒…10支（约70g）
榛果酱…150g
榛果粒…200g
开心果…150g

做法

01 葡萄糖、淡奶油煮沸，加入巧克力棒、榛果酱拌匀。

02 两种坚果混合，用上下火150℃，烤约12分钟。将烤过的坚果加入做法1中拌匀。

03 即成榛果馅，趁其温热，搓揉整形，冷藏备用。

D 桔香草莓馅

材料

覆盆子果泥…50g　无盐黄油…10g
细砂糖…45g　　草莓干…50g
全蛋…20g　　　橘皮丝…50g
杏仁粉…70g
覆盆子粉…8g

做法

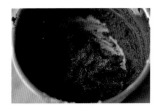

01 将覆盆子果泥加热后，加入细砂糖、全蛋与粉类拌匀。

02 再加入黄油拌匀至融合。

03 加入草莓干、橘皮丝拌匀即可。

E 草莓馅

材料

草莓干…250g
草莓果泥…50g
细砂糖…25g
水…50g

做法

01　将草莓果泥、细砂糖、水拌煮至沸腾。

02　加入切成小块的草莓干。

03　混合拌煮至入味、浓稠即可。

F 覆盆子酱

材料

冷冻覆盆子碎粒…300g
细砂糖…140g
NH果胶粉…4g

做法

01　将覆盆子拌煮至约40℃。

02　将细砂糖、NH果胶粉混合拌匀，加入做法1中。

03　边拌边煮沸至浓稠即可。

G 芒果馅

材料

杏仁粉…100g
细砂糖…60g
低筋面粉…100g
蛋…50g
无盐黄油…100g
芒果干…150g

做法

01　将黄油、细砂糖搅拌均匀。

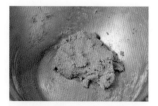

02　加入蛋液拌匀，再加入粉类混合拌匀。

03　加入芒果干拌匀即可。

H 焦糖牛奶酱

材料

细砂糖…70g
蜂蜜…30g
淡奶油…80g

做法

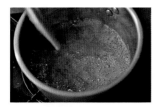

01 将细砂糖、蜂蜜加热拌煮熔化。

02 拌煮至焦化，慢慢加入淡奶油继续拌煮。

03 拌煮至浓稠状态即可。

I 柠檬糖霜

材料

糖粉…250g
现榨柠檬汁…60g

做法

01 将糖粉过筛，加入柠檬汁。

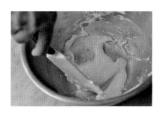

02 混合搅拌。

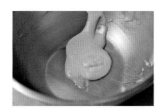

03 充分搅拌均匀至浓稠状态。

J 糖霜

材料

糖粉…100g
牛奶…20g

做法

01 将糖粉过筛，加入到牛奶中。

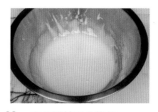

02 充分搅拌混合均匀。

03 搅拌至浓稠状态即可。

1

酥脆滑润，
可颂面包

Croissant

"croissant" 在法文里有新月之意，
可颂面包源于奥地利人仿造土耳其军旗上的弯月形状而制作。
将黄油裹入面团里，层层交错折叠，
加热过后，层层面团间的油脂熔化形成油膜，
内层的水分也因汽化而膨胀撑起面层，在薄膜与薄膜间形成许多缝隙，
展现出层层重叠的层次，形成酥脆的口感。
热腾腾地享用最能享受到轻盈美味的口感，
金黄酥脆、层次分明的外形是可颂最大魅力所在。

可颂面团的基本制作

基本面团的制作，可以结合不同的发酵工法，获得特有的风味口感，
以下介绍适用于本书可颂面团的直接法、中种法、法国老面法等基本面种制作方法。

1
直接法

适用 —— 可颂面团类

材料

面团（1720g）

法国粉…1000g
细砂糖…100g
盐…20g
麦芽精…10g
水…500g
发酵黄油…50g
鲜酵母…40g

混合搅拌

01　将法国粉、细砂糖、盐、黄油放入搅拌缸中，慢速搅拌，混合均匀。

02　麦芽精、水先拌匀溶解。

03　将做法2加入做法1中慢速搅拌至成团。

04　加入鲜酵母拌匀。

05　再转中速搅拌至表面光滑、八分筋状态（完成时面温约25℃）。

搅拌完成状态，可拉出均匀薄膜，有筋度弹性。

基本发酵

06　取出面团（1700g），收合切口并置底，整理成圆滑状态，放入容器并覆盖，室温下基本发酵30分钟。

冷藏松弛

07　用手拍压面团将气体排出，整成长方状，放置塑料袋中冷藏（5℃）松弛约12小时。

2
中种法

适用 —— 可颂面团类

材料

中种面团（910g）

法国粉…600g
牛奶…300g
鲜酵母…10g

主面团（805g）

A ⎡ 法国粉…400g
  ｜ 细砂糖…100g
  ｜ 盐…20g
  ⎣ 发酵黄油…50g

B ⎡ 麦芽精…5g
  ｜ 水…200g
  ⎣ 鲜酵母…30g

中种面团

01 将中种面团所有材料以慢
   速搅拌均匀，约6分钟。

02 在面团上覆盖保鲜膜。

03 室温基本发酵约30分钟，
   再移置冷藏（约5℃）发
   酵12小时。

混合搅拌－主面团

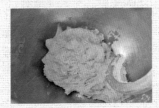

04 将主面团的材料A慢速搅
   拌、混合均匀，加入拌匀
   的麦芽精、水拌匀。

05 再加入做法3的中种面团
   慢速搅拌至成团。

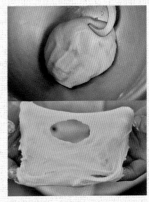

06 加入鲜酵母拌匀，再转中
   速搅拌至表面光滑的八分
   筋状态（完成时面温约
   25℃）。

搅拌完成时，可拉出均匀薄膜，有
筋度弹性。

基本发酵

07 取出面团（1700g），收
   合切口并置底，整理成圆
   滑状态，放入容器并覆
   盖，放置室温基本发酵约
   30分钟。

冷藏松弛

08 用手拍压面团将气体排
   出，压平、整成长方状，
   放置塑料袋中，冷藏松弛
   约6小时。

3

法国老面法

适用— 可颂面团类

材料

面团（2020g）

A
```
┌ 法国粉…1000g
│ 细砂糖…100g
│ 盐…20g
│ 发酵黄油…50g
│ 麦芽精…10g
│ 水…500g
└ 鲜酵母…40g
```
B - 法国老面…300g

混合搅拌

01　将法国粉、细砂糖、盐、黄油放入搅拌缸中，慢速搅拌混合均匀。

02　将麦芽精、水先拌匀溶解，加入做法1中，再加入法国老面慢速搅拌至成团。

03　加入鲜酵母拌匀，再转中速搅拌至表面光滑、八分筋状态（完成时面温约25℃）。

搅拌完成时，可拉出均匀薄膜，有筋度弹性。

基本发酵

04　取出面团（1700g），收合切口并置底，整理成圆滑状态，放入容器并覆盖，放置室温下基本发酵约30分钟。

冷藏松弛

05　用手拍压面团将气体排出，压平、整成长方状，放置塑料袋中，冷藏（5℃）松弛约12小时。

法国老面

材料（437g）

法国粉250g、麦芽精0.8g、低糖酵母1.3g、盐5g、水180g

做法

① 低糖酵母、水先拌匀，再加入法国粉、麦芽精慢速搅拌混匀。

② 搅拌至八分筋状态，加入盐搅拌约1分钟（完成时面温约23℃）。

③ 在面团上覆盖保鲜膜，室温下基本发酵约1小时。

④ 再将面团作3折2次的翻面，移置冷藏（约5℃）发酵12小时。

Recipe. 1

法式经典可颂

外层酥脆，咬下的瞬间，细致脆皮大片散落，
弹软内层则与外皮口感展现绝佳对比。

类型 — 可颂类，3×2×3

难易度 — ★★★★

基本工序

搅拌
· 所有材料慢速搅拌成团，加入鲜酵母拌匀，
  转中速搅拌至表面光滑、筋度八分。
· 搅拌完成时面温25℃。

▽

基本发酵
· 取面团1700g，滚圆，基发30分钟。

▽

冷藏松弛
· 面团压平，松弛12小时（5℃）。

▽

折叠裹入
· 面团包油。折叠：3折1次，2折1次，再3折1
  次，后两次折叠后均冷冻松弛30分钟。
· 延压至0.5cm厚，冷冻松弛30分钟。

▽

分割、整形
· 切成底11cm高23cm的等腰三角形。
· 冷藏松弛30分钟，卷成直型可颂，刷蛋液。

▽

最后发酵
· 室温下松弛30分钟（解冻回温）。
· 发酵90分钟（温度28℃，湿度75%）。
· 室温干燥5~10分钟。

▽

烘烤
· 刷蛋液。
· 烤13分钟（220℃／180℃）。

41

—————— 《 材料 》 ——————

▼ **面团**（1720g）

A
- 法国粉…1000g
- 细砂糖…100g
- 盐…20g
- 发酵黄油…50g

B
- 麦芽精…10g
- 水…500g
- 鲜酵母…40g

▼ **折叠裹入**

片状黄油…480g

—————— 《 做法 》 ——————

混合搅拌

01　将材料A放入搅拌缸中，慢速搅拌混合均匀。

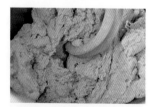

02　麦芽精、水先拌匀溶解，再加入做法1中慢速搅拌至成团。

03　加入鲜酵母拌匀，转中速搅拌至表面光滑、筋度八分状态（完成时面温约25℃）。

▽

基本发酵

04　取面团1700g，收合滚圆，放置室温基本发酵约30分钟。

▽

冷藏松弛

05　用手拍压面团将气体排出，压平整成长方状，放置塑料袋中，冷藏（5℃）松弛约12小时。

▽

折叠裹入 – 包裹入油

06　将裹入油擀开，平整成软硬度与面团相同的长方状。

07　将冷藏过的面团延压成长方片，长边为将来放入的裹入油的同侧边的2倍长，短边则等于裹入油的另一向边长。

08　将裹入油摆放在面团中间。

09　用擀面棍在裹入油的两侧边稍按压出凹槽（若直接折叠会造成侧边的面团较厚）。

10　将左右侧面团朝中间折叠，完全包覆住裹入油，但面皮两端尽量不重叠。

11　将中央的接口稍捏紧密合。

12 将上下两侧的开口捏紧密合，完全包裹住黄油，避免空气进入。

▽

折叠裹入－折叠

13 转向（在台面和面团上撒高筋面粉），延压平整成约0.8cm厚。

14 将左侧1/3面团向内折叠。

15 再将右侧1/3面团向内折叠。

16 折叠成3折（完成第1次的3折作业／3折1次），从侧面看为3折。

提示

折叠时，边端先对齐，这样才能折出整齐的面团；四边角若不是呈直角的话，油就会无法到达角落。

17 用擀面棍轻按压两侧的开口边，让面团与黄油紧密贴合。

18 转向，延压平整。

19 再对折（2折1次）。

20 用擀面棍轻按压两侧的开口边，让面团与黄油紧密贴合。

21 用塑料袋包覆，冷冻松弛约30分钟。

提示

若面团太冰，里面的裹入油会变硬，折叠时容易断裂（若冷冻后四边角过硬，可先移放冷藏10分钟，待稍软后再使用；相反地，若面团不够硬，则再继续冷冻10分钟，调整其软硬度）。

22 将面团放在撒有高筋面粉的台面上。

43

23 再延压平整至厚约0.8cm。

24 将左侧1/3面团向内折叠。

25 再将右侧1/3面团向内折叠，折叠成3折（完成第2次的3折作业／3折2次）。

26 用擀面棍轻按压两侧的开口边，让面团与黄油紧密贴合，用塑料袋包覆，冷冻松弛约30分钟。

27 将面团延压平整、展开，先把面团宽度压成约46cm。

28 再转向，延压平整出长度不限、厚度约0.5cm的长片，为方便收放，对折后用塑料袋包覆，冷冻松弛约30分钟。

分割

29 将面团对半切成宽23cm的两条长片，然后互相叠起（以利于以后的加工效率）。

30 测量标记出底11cm高23cm的等腰三角形各顶点。

31 切除多余的左右侧边。

32 再分割裁切成等腰三角形（重约70g）。

提示

为了形成漂亮的层次，会切除多余的侧边。

33 将分割好的三角片覆盖塑料袋，冷藏松弛约30分钟。

整形、最后发酵

34 拉住顶点，将三角片稍微拉长。

35 从底边开始卷起。

36 确实卷起，成直形可颂。

提示

注意左右对称，略紧凑地将面团卷起。若卷得太松散，面团里会产生空洞，烘烤时会扁塌；太紧会造成面筋断裂，无法烤出美丽的形状。

37 卷好后固定顶点位置。

38 将整形完成的面团尾端（三角形顶点）朝下，排列放置烤盘上。

39 在面团表面薄刷蛋液（不要刷到边缘断面），放置室温30分钟，待解冻回温。

40 再放入发酵箱，最后发酵约90分钟（温度28℃，湿度75%）。

41 放置室温干燥约5~10分钟，再在表面薄刷一次蛋液。

烘烤

42 放入烤箱，以上火220℃ / 下火180℃烤约13分钟即可。

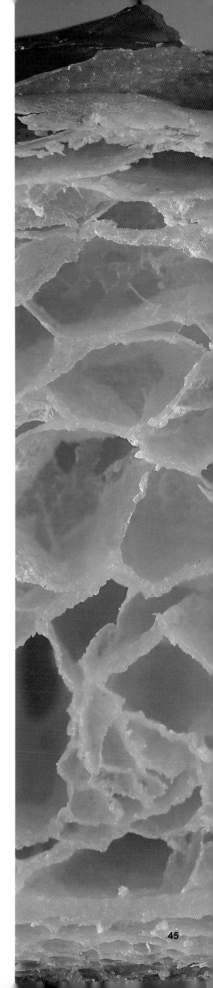

法式牛角可颂

令人着迷的弯月（牛角、月牙）可颂！
层层起伏的外形，让烘烤后的色泽浓淡分明，
展演出深邃的美丽，
外层的酥脆与内层的湿润、弹性
形成强烈的口感对比。

类型 —— 可颂类，4×4

难易度 —— ★★★★★

基本工序

搅拌
· 除酵母外所有材料慢速搅拌成团，加入鲜酵母拌匀，转
  中速搅拌至表面光滑、筋度八分。
· 搅拌完成时面温25℃。

▽

基本发酵
· 取面团1700g，滚圆，基发30分钟。

▽

冷藏松弛
· 面团压平，松弛12小时（5℃）。

▽

折叠裹入
· 面团包油。
· 折叠：4折2次，每次折叠后都冷冻松弛30分钟。
· 延压至0.45cm厚，冷冻松弛30分钟。

▽

分割、整形
· 切成底11cm高26cm的等腰三角形。
· 冷藏松弛30分钟，整形成弯月型可颂，刷蛋液。

▽

最后发酵
· 室温松弛30分钟（解冻回温）。
· 发酵90分钟（温度28℃，湿度75%）。
· 室温干燥5~10分钟。

▽

烘烤
· 刷蛋液。
· 烤14分钟（210℃／170℃）。

《 材料 》

▼ **面团**（1720g）

A
```
法国粉…1000g
细砂糖…100g
盐…20g
发酵黄油…50g
```

B
```
麦芽精…10g
水…500g
鲜酵母…40g
```

▼ **折叠裹入**

片状黄油…550g

▼ **表面用**

蛋液（配方选择见第20页）

《 做法 》

面团制作

01 参照"法式经典可颂"第42页
做法1~5的制作方式，混合搅
拌、基本发酵、冷藏松弛，完
成面团的制作。

▽

折叠裹入

02 参照第42页起做法6~12的折
叠方式，将片状黄油包裹入面
团中。转向，延压平整至厚约
0.8cm。

03 将左侧3/4面团向内对折。

04 再将右侧1/4面团向内对折。

05 折叠成形。

06 再对折。

07 折叠成4折（完成第1次的4折
作业／4折1次），从侧面看为4
折。

08 用擀面棍轻按压两侧的开口
边，让面团与黄油紧密贴合。

09 用塑料袋包覆，冷冻松弛约30
分钟。

提示

面团若太冰，里面的裹入油会变
硬，折叠时容易断裂（若冷冻后
四边角过硬，可先移放冷藏10分
钟待稍软后再使用；相反地，若
面团不够硬则再继续冷冻10分
钟，调整其软硬度）。

10 将面团放在撒有高筋面粉的
台面上，再延压平整至厚约
0.8cm。

11 将左侧3/4面团向内对折。

12 再将右侧1/4面团向内对折。

17 再转向延压。

22 将多余的左右侧边切除，再裁成底11cm高26cm的等腰三角形（约70g）。

提示

为了形成漂亮的层次，会切除多余的侧边。

18 平整出厚度约0.45cm、长度不限的长片。

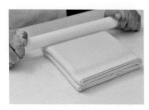

13 再对折，折叠成4折（完成第2次的4折作业／4折2次）。

19 对折后用塑料袋包覆，冷冻松弛约30分钟。

▽

分割

23 将分割好的三角片覆盖塑料袋，冷藏松弛约30分钟。

▽

整形、最后发酵

14 用擀面棍轻按压两侧的开口边，让面团与黄油紧密贴合。

20 确认面团宽为26cm，以此作为将来的等腰三角形的高。

24 将三角片稍微拉长。

15 用塑料袋包覆，冷冻松弛约30分钟。

21 在面团长边上每隔11cm做记号，两条长边上的记号就是等腰三角形的顶点。

25 再将底边两侧稍稍往外延展。

16 将面团延压平整、展开，先将面团宽度压成约26cm。

26 再在底部中央切出刀口。

27 将切口两侧如图稍折。

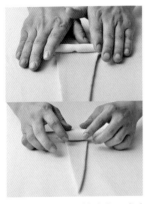

28 再由内朝外侧顺势卷起,成直型可颂。

29 尾端压在下方。

30 并稍按压固定。

31 再将两侧角向内侧弯折,成弯月形。

提示

注意左右对称,略紧凑地将面团卷起。若卷得太松,面团里会产生空洞,烘烤时会扁塌;太紧会造成面筋断裂,无法烤出美丽的形状。

32 排列放置烤盘上。

33 在表面薄刷蛋液(不要刷到边缘)。

34 放置室温30分钟,待解冻回温。

35 再放入发酵箱,最后发酵约90分钟(温度28℃,湿度75%),室温干燥约5~10分钟,表面再薄刷蛋液。

烘烤

36 放入烤箱,以上火210℃ / 下火170℃烤约14分钟即可。

法式杏仁可颂

基本的可颂面团包裹杏仁奶油馅，整形成直型造型，
表层再挤上杏仁奶油馅，用杏仁片及糖粉点缀，
更添丰富口感层次。

(类 型)—— 可颂类，3×2×3
(难易度)—— ★★

基本工序

搅拌
· 除酵母外所有材料慢速搅拌成团，加入鲜酵母
  拌匀，转中速搅拌至表面光滑、筋度八分。
· 搅拌完成时面温25℃。

▽

基本发酵
· 取面团1700g，滚圆，基发30分钟。

▽

冷藏松弛
· 面团压平，松弛12小时（5℃）。

▽

折叠裹入
· 面团包油。
· 折叠：3折1次，对折1次，再3折1次，后两次
  折叠后均冷冻松弛30分钟。
· 延压至0.5cm厚，冷冻松弛30分钟。

▽

分割、整形
· 切成底11cm高23cm的等腰三角形。
· 冷藏松弛30分钟，挤上内馅，整形成直型可
  颂。

▽

最后发酵
· 室温松弛30分钟（解冻回温）。
· 发酵90分钟（温度28℃，湿度75%）。
· 室温干燥5~10分钟。

▽

烘烤
· 烤13分钟（220℃ / 180℃）。
· 挤上杏仁奶油馅，洒上杏仁片，稍烘烤5~6分
  钟（230℃/170℃），待冷却，筛洒糖粉。

《 材料 》

▼ **面团**（1720g）

A
┌ 法国粉…1000g
│ 细砂糖…100g
│ 盐…20g
└ 发酵黄油…50g

B
┌ 麦芽精…10g
│ 水…500g
└ 鲜酵母…40g

▼ **折叠裹入**

片状黄油…480g

▼ **夹层内馅、表面用**

杏仁奶油馅（第33页）

▼ **表面用**

杏仁片、糖粉

《 做法 》

面团制作

01　参照"法式经典可颂"第42页做法1~5的制作方式，混合搅拌、基本发酵、冷藏松弛，完成面团的制作。

▽

折叠裹入

02　参照第42页起做法6~13的折叠方式，将片状黄油包裹入面团中，延压平整至约0.8cm厚。

03　参照第43页起做法14~26的折叠方式，完成3折1次、2折1次、3折1次的折叠作业。

04　将面团延压平整、展开，先将面团宽度压成约46cm。

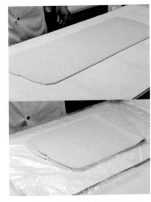

05　再转向，延压平整出长度不限、厚度约0.5cm的长片，对折后用塑料袋包覆，冷冻松弛约30分钟。

▽

分割

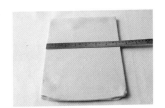

06　将面团对半切成宽23cm的两条长片，然后互相叠起（以利于以后的加工效率）。

07　测量出底11cm高23cm的等腰三角形的各顶点，并标记。

08　将多余的左右侧边切除，裁成等腰三角形（约70g）。

09　将三角片覆盖塑料袋，冷藏松弛约30分钟。

▽

整形、最后发酵

10　拉住顶点将三角片稍微拉长。

11　在底边处挤上杏仁奶油馅（约10g）。

12　从底边向前卷起成直型可颂。

13　尾端压在下方，并稍按压固定。

14　面团尾端朝下，排列放置烤盘上，放置室温30分钟，待解冻回温。

15　再放入发酵箱，最后发酵约90分钟（温度28℃，湿度75%），放置室温干燥约5~10分钟。

▽

烘烤、表面装饰

16　放入烤箱，以上火220℃／下火180℃烤约13分钟即可。

17　待冷却后，表面挤上杏仁奶油馅（约20g）。

18　撒上杏仁片。

19　再以上火230℃／下火170℃烤约5~6分钟，出炉。

20　最后筛洒糖粉装饰即可。

21　完成。

柠檬糖霜可颂

外皮酥香，内层带些柔韧感，
搭配酸香调和的柠檬清香，缓解了浓厚腻感，
风味清爽！

基本工序

搅拌
· 除酵母外所有材料慢速搅拌成团，加鲜酵母拌匀，转中速搅拌至表面光滑、筋度八分。
· 搅拌完成时面温25℃。

▽

基本发酵
· 取面团1700g，滚圆，基发30分钟。

▽

冷藏松弛
· 面团压平，松弛12小时（5℃）。

▽

折叠裹入
· 面团包油。
· 折叠：3折1次，对折1次，再3折1次，后两次折叠后均冷冻松弛30分钟。
· 延压至0.5cm厚，冷冻松弛30分钟。

▽

分割、整形
· 切成底11cm高23cm的等腰三角形。
· 冷藏松弛30分钟，挤馅铺丝，卷成直型可颂。

▽

最后发酵
· 室温松弛30分钟（解冻回温）。
· 发酵90分钟（温度28℃，湿度75%）。
· 室温干燥5~10分钟。

▽

烘烤
· 烤13分钟（220℃／180℃）。
· 淋上糖霜，洒粉，点缀柠檬丝。

类型——可颂类，3×2×3

难易度——★★★

《 材料 》

▼ 面团（1720g）

A
- 法国粉…1000g
- 细砂糖…100g
- 盐…20g
- 发酵黄油…50g

B
- 麦芽精…10g
- 水…500g
- 鲜酵母…40g

▼ 折叠裹入

片状黄油…480g

▼ 夹层内馅

杏仁奶油馅（第33页）
蜜渍柠檬丝

▼ 柠檬糖霜

糖粉…250g
现榨柠檬汁…60g

▼ 表面用

柠檬皮丝、覆盆子粉

《 做法 》

面团制作

01 参照"法式经典可颂"第42页做法1~5的制作方式，混合搅拌、基本发酵、冷藏松弛，完成面团的制作。

折叠裹入

02 参照第42页起做法6~13的折叠方式，将片状黄油包裹入面团中，延压平整至厚约0.8cm。

03 参照第43页起做法14~26的折叠方式，完成3折1次、2折1次、3折1次的折叠作业。

04 将面团延压平整、展开，先将面团宽度压成约46cm。

05 再转向，延压平整出长度不限、厚度约0.5cm的长片。

06 对折后用塑料袋包覆，冷冻松弛约30分钟。

分割

07 将面团对半切成宽23cm的两条长片，然后互相叠起（以利于以后的加工效率）。测量出底边11cm高23cm的等腰三角形的各顶点并标记。

08 将面团多余的左右侧边切除。

09 分割裁成等腰三角形（约70g）。

10 将分割好的三角片覆盖塑料袋，冷藏松弛约30分钟。

▽

整形、最后发酵

11 拉住顶点将三角片稍微拉长。

12 挤上杏仁奶油馅（约10g）。

13 放上蜜渍柠檬丝（约10g）。

提示
馅的分量需适中，太多会腻口，且不利于整形的操作。

14 从底边向前卷起。

15 成直型可颂。

16 尾端压在下方，并稍按压固定。

17 面团尾端朝下，排列放置烤盘上，放置室温30分钟，待解冻回温。

18 再放入发酵箱，最后发酵约90分钟（温度28℃，湿度75%），放置室温干燥约5~10分钟。

▽

烘烤、表面装饰

19 放入烤箱，以上火220℃／下火180℃烤约13分钟即可。

20 **柠檬糖霜。**将糖粉过筛后加入柠檬汁，混合搅拌均匀至浓稠状态。

21 面包冷却后，淋上柠檬糖霜（温度过热时，会使糖霜化开，不易黏附）。

22 静置待糖霜稍微凝固后，筛上覆盆子粉，用柠檬皮丝点缀。

Recipe.5

蓝纹迷你可颂

表面以芝麻点缀，
多层次的香脆酥皮里有浓郁的乳酪香气，
咸香酥口。

类型 —— 可颂类，3×2×3

难易度 —— ★★★

基本工序

搅拌

· 除酵母外所有材料慢速搅拌成团，加鲜酵母
  拌匀，转中速搅拌至表面光滑、筋度八分。

· 搅拌完成时面温25℃。

▽

基本发酵

· 取面团1700g，滚圆，基发30分钟。

▽

冷藏松弛

· 面团压平，松弛12小时（5℃）。

▽

折叠裹入

· 面团包油。

· 折叠：抹上蓝纹乳酪，3折1次，对折1次，
  再3折1次，后两次折叠后均冷冻松弛30分
  钟。

· 延压至0.4cm厚，冷冻松弛30分钟。

▽

分割、整形

· 切成底5cm高12cm的等腰三角形。

· 冷藏松弛30分钟，整形成直型可颂。

▽

最后发酵

· 刷蛋液，室温松弛30分钟（解冻回温）。

· 发酵60分钟（温度28℃，湿度75%）。

· 室温干燥5~10分钟，刷蛋液，洒白芝麻。

▽

烘烤

· 烤9分钟（210℃ / 180℃）。

《 材料 》

▼ **面团**（1720g）

A ⎡ 法国粉…1000g
  ⎜ 细砂糖…100g
  ⎜ 盐…20g
  ⎣ 发酵黄油…50g

B ⎡ 麦芽精…10g
  ⎜ 水…500g
  ⎣ 鲜酵母…40g

▼ **折叠裹入**

片状黄油…480g

▼ **夹层内馅**

蓝纹乳酪…120g

▼ **表面用**

蛋液（第20页）、白芝麻

《 做法 》

面团制作

01　参照"法式经典可颂"第42页做法1~5的制作方式，混合搅拌、基本发酵、冷藏松弛，完成面团的制作。

▽

折叠裹入

02　参照第42页起做法6-13的折叠方式，将片状黄油包裹入面团中，延压平整至厚约0.8cm。

03　在右侧2/3面团上均匀地抹上蓝纹乳酪（约120g）。

04　将左侧1/3面团向内折叠。

05　再将右侧1/3面团向内折叠，折叠成3折（完成第1次的3折作业／3折1次）。

06　用擀面棍轻按压两侧的开口边。

07　让面团与黄油紧密贴合。

08　转向，延压平整。

09　再对折（2折1次）。

10　用擀面棍轻按压两侧的开口边，让面团与黄油紧密贴合。

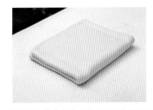

11　用塑料袋包覆，冷冻松弛约30分钟。

提示

面团若太冰，里面的裹入油会变硬，折叠时容易断裂（若冷冻后四边角过硬，可先移放冷藏10分钟待稍软后再使用；相反地，若面团不够硬则再继续冷冻10分钟，调整其软硬度）。

12 将面团放在撒有高筋面粉的台面上，再延压平整至厚0.8cm。

13 将左侧1/3面团向内折叠。

14 再将右侧1/3面团向内折叠，折叠成3折（完成第2次的3折作业／3折2次）。

15 用擀面棍轻按压两侧的开口边，让面团与黄油紧密贴合，用塑料袋包覆，冷冻松弛约30分钟。

16 将面团延压平整、展开：先将面团宽度压至约24cm；再转向，延压出长度不限、厚度约0.4cm的长片。

17 对折后用塑料袋包覆，冷冻松弛约30分钟。

▽

分割

18 将面团对半切成宽12cm的两条长片，然后互相叠起（以利于以后的加工效率）。测量出底5cm高12cm的等腰三角形的各顶点并标记。

19 将面团多余的左右侧边切除，裁出等腰三角形（约30g）。

20 将分割好的三角片覆盖塑料袋，冷藏松弛约30分钟。

▽

整形、最后发酵

21 拉住顶点将三角片稍微拉长。

22 将顶点置于前方，从底边确实卷起，成直型可颂。

23 卷好后将顶点固定在下方。

24 将整形好的面团尾端朝下，排列放置烤盘上，在面团表面薄刷蛋液（不要刷到边缘），放置室温30分钟，待解冻回温。

提示

涂刷蛋液时，动作方向应与卷纹平行，避免破坏面团层次。

25 再放入发酵箱，最后发酵约60分钟（温度28℃，湿度75%）。

26 放置室温干燥约5~10分钟，再在表面薄刷蛋液。

27 在面团中间洒上少许白芝麻。

<hr>

提示

把白芝麻点缀到中央稍偏下的地方，这样烘烤后随着面团膨胀，有芝麻的位置会更显居中。

<hr>

▽

烘烤

28 放入烤箱，以上火210℃／下火180℃烤约9分钟，出炉。

脆皮杏仁可颂

坚果杏仁淡淡的香甜与酥脆的口感
是最大的魅力所在。

类型 —— 可颂类，3×2×3

难易度 —— ★★★

基本工序

搅拌
· 除酵母外所有材料慢速搅拌成团，加入鲜酵母
　拌匀，转中速搅拌至表面光滑、筋度八分。
· 搅拌完成时面温25℃。

基本发酵
· 取面团1700g，滚圆，基发30分钟。

冷藏松弛
· 面团压平，松弛12小时（5℃）。

折叠裹入
· 面团包油。
· 折叠：3折1次，对折1次，再3折1次，后两次
　折叠后均冷冻松弛30分钟。
· 延压至0.5cm厚，冷冻松弛30分钟。

分割、整形
· 切成底11cm高23cm的等腰三角形。
· 冷藏松弛30分钟，整形成直型可颂。

最后发酵
· 室温松弛30分钟（解冻回温）。
· 发酵90分钟（温度28℃，湿度75％）。
· 室温干燥5~10分钟。
· 表面挤上马卡龙皮，撒上杏仁条、杏仁粉及糖
　粉。

烘烤
· 烤10分钟（220℃／180℃），再烤12分钟（无
　／180℃）。
· 待冷却，筛糖粉。

《 材料 》

▼ **面团**（1720g）

A
- 法国粉…1000g
- 细砂糖…100g
- 盐…20g
- 发酵黄油…50g

B
- 麦芽精…10g
- 水…500g
- 鲜酵母…40g

▼ **折叠裹入**

片状黄油…480g

▼ **表层面糊（马卡龙皮）**

糖粉…100g
蛋白…100g
杏仁粉…100g

▼ **表面用**

杏仁条（或夏威夷果）
杏仁粉、糖粉

《 做法 》

马卡龙皮

01　将所有材料搅拌混合均匀。

02　即成马卡龙皮。

面团制作

03　参照"法式经典可颂"第42页做法1~5的制作方式，混合搅拌、基本发酵、冷藏松弛，完成面团的制作。

▽

折叠裹入

04　参照第42页起做法6~13的折叠方式，将片状黄油包裹入面团中，延压平整至厚约0.8cm。

05　参照第43页起做法14~26的折叠方式，完成3折1次、2折1次、3折1次的折叠面团。

06　将面团延压平整、展开，先将面团宽度压成约46cm。

07　再转向，延压平整成长度不限、厚度约0.5cm，对折后用塑料袋包覆，冷冻松弛约30分钟。

▽

分割

08　将面团对半切成宽23cm的两条长片，然后互相叠起（以利于以后的加工效率）。测量出底11cm高23cm的等腰三角形的各顶点并标记。

09　将面团多余的左右侧切除，再分割裁出等腰三角形（约70g）。

10　将分割好的三角片覆盖塑料袋，冷藏松弛约30分钟。

整形、最后发酵

11 拉住顶点将三角片稍微拉长。

12 将顶点朝前，从底边向前卷起成直型可颂。

13 卷好后将顶点固定在下方。

14 将整形完成的面团尾端朝下，排列放置烤盘上。放置室温30分钟，待解冻回温。

15 再放入发酵箱，最后发酵约70分钟（温度28℃，湿度75%）。放置室温干燥约5~10分钟。

16 表面挤上马卡龙皮（约40g）。

17 铺上杏仁条（或夏威夷果）。

18 再撒上少许杏仁粉。

19 筛上糖粉。

▽

烘烤、表面装饰

20 放入烤箱，以上火220℃／下火180℃烤约10分钟，再关上火，以下火180℃烤约12分钟，出炉。

21 待冷却后，筛洒上糖粉装饰。

22 完成。

Recipe. 7

法式焦糖奶油酥

蓬松厚实的口感，层次丰富，
加上肉桂与焦糖，香气十足。

类 型 —— 可颂类，3×2×3
难易度 —— ★★

基本工序

搅拌
· 除酵母外所有材料慢速搅拌成团，加入鲜酵母拌匀，转中速搅拌至表面光滑、筋度八分。
· 搅拌完成时面温25℃。

▽

基本发酵
· 取面团1700g，滚圆，基发30分钟。

▽

冷藏松弛
· 面团压平，松弛12小时（5℃）。

▽

折叠裹入
· 面团包油。
· 折叠：3折1次，对折1次，再3折1次，后两次折叠后均冷冻松弛30分钟。
· 延压至0.4cm厚，冷冻松弛30分钟。

▽

分割、整形
· 洒上肉桂香草糖，卷成圆筒状，冷冻松弛30分钟，分切成3cm小段。
· 面团放入模具（模具预先涂刷黄油，洒上肉桂香草糖。

▽

最后发酵
· 室温松弛30分钟（解冻回温）。
· 发酵90分钟（温度28℃，湿度75%）。
· 室温干燥5~10分钟。

▽

烘烤
· 压盖烤盘，烤14分钟（210℃ / 240℃）。

《 材料 》

▼ **面团**（1720g）

A ⌈ 法国粉…1000g
  │ 细砂糖…100g
  │ 盐…20g
  └ 发酵黄油…50g

B ⌈ 麦芽精…10g
  │ 水…500g
  └ 鲜酵母…40g

▼ **折叠裹入**

片状黄油…480g

▼ **表面用**

香草上白糖…100g
肉桂粉…少许

《 做法 》

事前准备

01　圆形模具。

02　将圆形模具内壁、底面均匀涂刷黄油。

03　洒上肉桂香草糖（约15g）。

▽

面团制作

04　参照"法式经典可颂"第42页做法1~5的制作方式，混合搅拌、基本发酵、冷藏松弛，完成面团的制作。

▽

折叠裹入

05　参照"第42页起做法6~13的折叠方式，将片状黄油包裹进面团中，延压平整至厚约0.8cm。

06　参照第43页起做法14~26的折叠方式，完成3折1次、2折1次、3折1次的折叠作业。

07　将面团延压平整、展开，先将面团宽度压成约40cm。

08　再转向，延压平整出长度不限、厚度约0.4cm的长片，对折后用塑料袋包覆，冷冻松弛约30分钟。

▽

分割、整形、最后发酵

09　将香草上白糖、肉桂粉混匀。

10　在面团表面洒上肉桂香草糖。

11　从短侧边卷起至底。

12 收口置于底，成圆柱状。

16 放置室温30分钟，待解冻回温。再放入发酵箱，最后发酵约60分钟（温度28℃，湿度75%）。

烘烤

13 包覆塑料袋，冷冻松弛约30分钟。

17 在做法16表面铺放烤焙纸，再压盖上烤盘，放入烤箱，以上火210℃／下火230~240℃烤约14分钟，出炉。

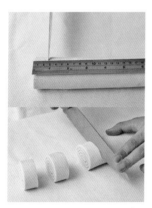

14 将面团每隔3cm分切成段（约45g）。

15 将面团平放在圆模中。

Recipe 8

荔枝覆盆子可颂

折叠面团中间包卷特制的荔枝覆盆子馅，
红曲粉造就的红色外皮层层分明，
由里到外展现极具魅力的特色。

基本工序

搅拌
- 除酵母外所有材料慢速搅拌成团，加入鲜酵母
  拌匀，转中速搅拌至表面光滑、筋度八分。
- 搅拌完成时面温25℃。
- 面团分作1300g、400g两份，后者加入红曲
  粉、水揉匀。

▽

基本发酵
- 面团滚圆，基发30分钟。

▽

冷藏松弛
- 面团压平，松弛12小时（5℃）。

▽

折叠裹入
- 面团包油。
- 折叠：3折1次，对折1次，再3折1次，后两次
  折叠后均冷冻松弛30分钟。
- 红曲外皮包覆折叠面团，冷冻松弛30分钟。
- 延压至0.45cm厚，冷冻松弛30分钟。

▽

分割、整形
- 切成底8cm高18cm的等腰三角形。
- 松弛30分钟，包入内馅，整形成直型可颂。

▽

最后发酵
- 室温松弛30分钟（解冻回温）。
- 发酵90分钟（温度28℃，湿度75%）。
- 室温干燥5~10分钟。

▽

烘烤
- 烤14分钟（200℃／180℃）。
- 薄刷荔枝糖水。

类型 —— 可颂类，3×2×3

难易度 —— ★★★★

《 材料 》

▼ **面团**（1740g）

A ┌ 法国粉…1000g
  │ 细砂糖…100g
  │ 盐…20g
  └ 发酵黄油…50g

B ┌ 麦芽精…10g
  │ 水…500g
  └ 鲜酵母…40g

C ┌ 红曲粉…10g
  └ 水…10g

▼ **折叠裹入**

片状黄油…365g

▼ **荔枝覆盆子馅**

覆盆子果泥…49g
全蛋…15g
细砂糖…40g
杏仁粉…70g
覆盆子粉…7g
荔枝干…102g
黄油…12g

▼ **表面用－荔枝糖水**

细砂糖…65g
水…50g
荔枝酒…20g

《 做法 》

荔枝覆盆子馅

01 将覆盆子果泥倒入锅中加热煮沸。

02 加入细砂糖、杏仁粉、覆盆子粉、全蛋混合拌匀，离火。

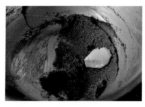

03 再加入黄油拌匀至融化。

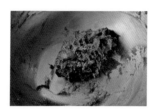

04 加入荔枝干拌匀。

05 待冷却，覆盖保鲜膜，冷藏备用。

▽

面团制作

06 参照"法式经典可颂"第42页做法1~3的制作方式，将面团搅拌至八分筋状态。取出面团，切取面团1300g，收合滚圆；另取出面团400g加入材料C揉和均匀，做成红曲面团。

07 参照第42页做法4~5的制作方式，将面团进行基本发酵、冷藏松弛，完成面团的制作。

▽

折叠裹入－包裹入油

08 参照第42页起做法6~13的折叠方式，将片状黄油包裹入面团中，延压平整至厚约0.8cm。

09 参照第43页起做法14~26的折叠方式，完成3折1次、2折1次、3折1次的折叠作业。

10 用擀面棍轻按压两侧的开口边，让面团与黄油紧密贴合。

11 将红曲面团延压成稍大于做法10面团的长方形片（足够包覆折叠面团即可，不可过薄）。

12 将红曲面皮覆盖在折叠面团上。

13 翻面，沿着四边稍黏贴收合，包覆住折叠面团。

14 用塑料袋包覆，冷冻松弛约30分钟。

15 将面团延压平整、展开，先将面团宽度压成约36cm。

16 再转向，延压平整出长度不限、厚度约0.45cm的长片，对折后用塑料袋包覆，冷冻松弛约30分钟。

▽

分割

17 将面团对半裁成宽18cm的长片，相互叠起。测量标记出底8cm高18cm的等腰三角形各顶点。

18 将多余的左右侧边切除，再裁成等腰三角形（约55g），将分割完成的三角片覆盖塑料袋，冷藏松弛约30分钟。

▽

整形、最后发酵

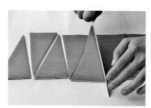

19 将三角片稍微拉长。

20 翻面，白色面皮朝上。在底边处挤上荔枝覆盆子馅（约25g）。

21 将底边两角朝内稍折。

22 再由外朝内侧顺势卷起，尾端压至底下方，成直型可颂。

23 并稍按压。

24 将整形完成的面团尾端朝下，排列放置烤盘上，放置室温30分钟，待解冻回温。

25 再放入发酵箱, 最后发酵约90
分钟 (温度28℃, 湿度75%)。
放置室温干燥约5~10分钟。

烘烤

26 放入烤箱, 以上火200℃ / 下
火180℃烤约14分钟即可。

27 出炉, 薄刷荔枝糖水 (荔汁糖
水制作: 将糖、水煮沸, 加入荔
汁酒拌匀即可)。

Recipe. 9

曜黑双色可颂

利用双色面团层叠披覆，烘烤出层次鲜明别致的双色可颂，
表层以糖水薄薄涂抹，
让黝黑的色泽更加透亮，展现出绝美的一面。

类型 — 可颂类，3×2×3

难易度 — ★★★★★

基本工序

搅拌
- 除酵母外所有材料慢速搅拌成团，加入鲜酵母拌匀；转中速搅拌至表面光滑、筋度八分。搅拌完成时面温25℃。
- 面团分作1300g、400g两份，后者加入可可粉、水揉匀。

▽

基本发酵
- 面团滚圆，基发30分钟。

▽

冷藏松弛
- 面团压平，松弛12小时（5℃）。

▽

折叠裹入
- 面团包油。
- 折叠：3折1次，对折1次，再3折1次，后两次折叠后均冷冻松弛30分钟。
- 可可外皮包覆折叠面团，冷冻松弛30分钟。
- 延压至0.5cm厚，冷冻松弛30分钟。

▽

分割、整形
- 切成底11cm高23cm的等腰三角形（约70g）。
- 冷藏松弛30分钟。表面切划纹路，翻面，包入巧克力棒，整形成直型可颂。

▽

最后发酵
- 室温松弛30分钟（解冻回温）。
- 发酵90分钟（温度28℃，湿度75%）。
- 室温干燥5~10分钟。

▽

烘烤
- 烤15分钟（210℃ / 170℃）。
- 薄刷香草糖水。

《 材料 》

▼ **面团**（1740g）

A
- 法国粉…1000g
- 细砂糖…100g
- 盐…20g
- 发酵黄油…50g

B
- 麦芽精…10g
- 水…500g
- 鲜酵母…40g

C
- 可可粉…10g
- 水…10g

▼ **折叠裹入**

片状黄油…365g

▼ **夹层内馅**

巧克力棒…1支（每个）

▼ **表面用 – 香草糖水**

细砂糖…65g

水…50g

香草酒…15g

《 做法 》

面团制作

01 参照"法式经典可颂"第42页做法1~3的制作方式，将面团搅拌至八分筋状态。取出面团，切取面团1300g，收合滚圆；另取出面团400g加入材料C揉和均匀，做成可可面团。

02 参照第42页做法4~5的制作方式，将面团进行基本发酵、冷藏松弛，完成面团的制作。

折叠裹入

03 参照第42页起做法6~13的折叠方式，将片状黄油包裹进面团（1300g）中，延压平整至厚约0.8cm。

04 参照第43页起做法14~26的折叠方式，完成3折1次、2折1次、3折1次的折叠作业。用擀面棍轻按压两侧的开口边，让面团与黄油紧密贴合。

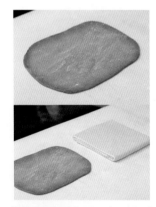

05 将可可面团（400g）延压成稍大于做法4的长方形片（足够包覆折叠面团即可，不可过薄）。

06 将可可面团覆盖在折叠面团上。

07 翻面，沿着四边稍粘贴收合，包覆住折叠面团。

08 用塑料袋包覆，冷冻松弛约30分钟。

09 将面团延压平整、展开，先将面团宽度压成约46cm。

10 再转向，延压平整出长度不限、厚度约0.5cm的长片，对折后用塑料袋包覆，冷冻松弛约30分钟。

分割

11　将面团对半裁成宽23cm的长片，相互叠起。测量标记出底11cm高23cm的等腰三角形各顶点。

12　将多余的左右侧边切除，再裁成等腰三角形（约70g）。将分割完成的三角片覆盖塑料袋，冷藏松弛约30分钟。

▽

整形、最后发酵

13　将三角片稍微拉长，在表面中间先划出直线刻纹（不要划至底边）。

14　在中心直线的左右两侧平行浅划出刻纹。

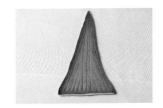

15　再对称地浅划出斜纹。

16　将三角片翻面，白色面皮朝上，在底边处放置巧克力棒。

17　将底边朝内稍折，包裹住巧克力棒。

18　再顺势卷起，尾端压至底下方，成直型可颂，并稍按压，将两侧角稍微向内弯折。

19　将整形完成的面团尾端朝下，排列放置烤盘上，放置室温30分钟，待解冻回温。

20　再放入发酵箱，最后发酵约90分钟（温度28℃，湿度75%）。放置室温干燥约5~10分钟。

▽

烘烤

21　放入烤箱，以上火210℃ / 下火170℃烤约15分钟，出炉，薄刷香草糖水（香草糖水制作：将糖、水煮沸，加入香草酒拌匀即可）。

22　完成。

Recipe.10

艾菲尔可颂塔

这是一款有别于一般可颂面包的变化制作，
浓郁的香甜味，
与多层次的酥香面团，
在口中形成香、甜、酥脆的三重奏。

基本工序

搅拌
· 除酵母外所有材料慢速搅拌成团，加入鲜酵
  母拌匀，转中速搅拌至表面光滑、筋度八
  分。
· 搅拌完成时面温25℃。
· 面团分作1300g、400g两份，后者加入咖啡
  粉、水揉匀。

▽

基本发酵
· 面团滚圆，基发30分钟。

冷藏松弛
· 面团压平，松弛12小时（5℃）。

▽

折叠裹入
· 面团包油。
· 折叠：3折1次，对折1次，再3折1次，后两
  次折叠后均冷冻松弛30分钟。
· 咖啡外皮包覆折叠面团，冷冻松弛30分钟。
· 延压至1cm厚，冷冻松弛30分钟。

▽

分割、整形
· 切成1cm边长丁状。
· 丁状面团加入混合用料拌匀，填入模框（约
  45g）。

▽

最后发酵
· 室温松弛30分钟（解冻回温）。
· 发酵70分钟（温度28℃，湿度75%）。

▽

烘烤
· 烤8分钟（210℃ / 170℃）。
· 筛上糖粉、开心果碎点缀。

类型 —— 可颂类，3×2×3

难易度 —— ★★★

《 材料 》

▼ **面团**（1711g）

A
- 法国粉…1000g
- 细砂糖…100g
- 盐…20g
- 发酵黄油…50g

B
- 麦芽精…10g
- 水…500g
- 鲜酵母…40g

C
- 可可粉（或咖啡粉）…9g
- 水…9g

▼ **折叠裹入**

片状黄油…365g

▼ **混合用料**

核桃…400g
水滴巧克力…400g
蜂蜜…200g

▼ **表面用**

糖粉、开心果碎

《 做法 》

事前准备

01 直径6cm圆形模。

面团制作

02 参照"法式经典可颂"第42页做法1~3的制作方式，将面团搅拌至八分筋状态。取出面团，切取面团1300g，收合滚圆；另取出面团400g加入材料C揉和均匀，做成咖啡面团。

03 参照第42页做法4~5的制作方式，将面团进行基本发酵、冷藏松弛，完成面团的制作。

折叠裹入

04 参照第42页做法6~13的折叠方式，将片状黄油包裹进面团（1300g）中，延压平整至厚约0.8cm。

05 参照第43页起做法14~26的折叠方式，完成3折1次、2折1次、3折1次的折叠作业。用擀面棍轻按压两侧的开口边，让面团与黄油紧密贴合。

06 将咖啡面团（400g）延压成稍大于做法5的长方形片（足够包覆折叠面团即可，不可过薄）。

07 将咖啡面团覆盖在折叠面团上。

08 翻面，沿着四边稍粘贴收合，包覆住折叠面团。用塑料袋包覆，冷冻松弛约30分钟。

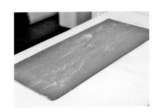

09 将面团延压平整、展开：先将面团宽度压成约20cm；再转向，延压平整出长度不限、厚度约1cm的长片。对折后用塑料袋包覆，冷冻松弛约30分钟。

分割

10 在面团宽边上每隔1cm作记号。

11 再将面团裁切成边长1cm的正方小丁。

12 将切丁面团稍拨松，放入容器。

13 继续加入核桃、水滴巧克力、蜂蜜混合拌匀。

14 将做法13分成每份约45g，填放入模框中。

15 放置室温30分钟，待解冻回温。

16 再放入发酵箱，最后发酵约70分钟（温度28℃，湿度75%）。

烘烤、表面装饰

17 放入烤箱，以上火210℃／下火170℃，烤约8分钟即可出炉。

18 待冷却，脱模，表面盖上圆形烤焙纸，筛上糖粉、形成环状白边。

19 中间放上开心果碎。

20 完成。

Recipe.11

缤纷霓彩可颂

通过不同色泽面团的组合排列，
营造出令人印象深刻的外观与口感。
表层缤纷的条纹色彩，为此款可颂的魅力重点。

基本工序

搅拌
· 除酵母外所有材料慢速搅拌成团，加入鲜酵母拌
匀，转中速搅拌至表面光滑、筋度八分。
· 搅拌完成时面温25℃。
· 切取出原味面团1000g一块，360g两块。
· 取360g面团之一加入可可粉及水揉成可可面团，
另一加入红曲粉及水揉成红曲面团。

▽

基本发酵
· 面团滚圆，基发30分钟。

▽

冷藏松弛
· 面团压平，松弛12小时（5℃）。

▽

折叠裹入
· 将裹入油分成280g一块、100g两块，分别包裹入
面团。
· 将白色面团作4折2次折叠，两次中间冷冻松弛30
分钟；而后延压至0.5cm厚，冷冻松弛30分钟。
· 将红曲、可可面团分别作4折2次折叠，每次折叠
后均冷冻松弛30分钟。

▽

分割、整形
· 叠合红曲面团、可可面团，延压成2cm厚，再切分出
宽0.5cm的条状。
· 双色面条铺放于白面团表面，延压成厚0.5cm片
状，冷冻松弛30分钟。
· 切成底10cm高22cm的等腰三角形（60g），冷藏
松弛30分钟。
· 整形成直型可颂。

▽

最后发酵
· 室温松弛30分钟（解冻回温）。
· 发酵90分钟（温度28℃，湿度75%）。
· 室温干燥5~10分钟。

▽

烘烤
· 烤8分钟（220℃／180℃），再7分钟（关／
180℃）。
· 薄刷糖水。

类型——可颂类，4×4

难易度——★★★★★

《 材料 》

▼ **面团**（1756g）

A ┌ 法国粉…1000g
│ 细砂糖…100g
│ 盐…20g
└ 发酵黄油…50g

B ┌ 麦芽精…10g
│ 水…500g
└ 鲜酵母…40g

C ┌ 可可粉…9g
└ 水…9g

D ┌ 红曲粉…9g
└ 水…9g

▼ **折叠裹入**

片状黄油…480g

▼ **表面用 – 糖水**

细砂糖…65g
水…50g

（糖水制作：将糖、水煮沸即可）

《 做法 》

混合搅拌

01 将材料A放入搅拌缸中，慢速搅拌混合均匀。

02 麦芽精、水先拌匀溶解，再加入做法1中慢速搅拌至成团。

03 加入鲜酵母拌匀，再转中速搅拌至表面光滑、八分筋状态（完成时面温约25℃）。

04 将面团分成1000g、360g、360g三份。取其一360g面团加入材料D揉和均匀，即成红曲面团；将另一360g面团加入材料C揉和均匀，即成可可面团。

基本发酵

05 将面团放入容器中，放置室温基本发酵约30分钟。

冷藏松弛

06 用手拍压面团将气体排出，压平整成长方状，放置塑料袋中，冷藏（5℃）松弛约12小时。

折叠裹入 – 白色面团

07 将裹入油分成280g、100g、100g三份，分别擀开、平整至软硬度与面团相同的长方状。

08 参照"法式经典可颂"第42页起做法7~12的折叠方式，将280g片状黄油包裹入白色面团（1000g）中。

09 参照"虎纹迷彩可颂"第87页起做法4~15的折叠方式，完成4折2次的折叠作业，再延压平整出宽25cm、长度不限、厚约0.5cm的长片，用塑料袋包覆，冷冻松弛约30分钟。

折叠裹入 – 可可面团

10 将冷藏过的可可面团延压成长方片，长边为将来放入的裹入油的同侧边的2倍长，短边则等于裹入油的另一向边长。

11 将100g片状黄油摆放在可可面团中间。

12 用擀面棍在裹入油的两侧稍按压出凹槽。

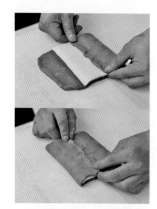

13 将左右侧面团朝中间折叠，完全包覆住裹入油，并将接口稍捏紧密合。

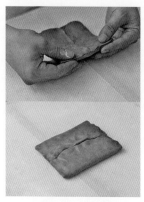

14 将上下两侧的开口捏紧密合，完全包裹住黄油，避免空气进入。

15 转向，延压至厚约0.8cm。

16 将左侧3/4面团向内对折。

17 再将右侧1/4面团向内对折。

18 再对折，折叠成4折（完成第1次的4折作业／4折1次）。

19 用擀面棍轻按压两侧的开口边，让面团与黄油紧密贴合，而后用塑料袋包覆，冷冻松弛约30分钟。

20 再将面团延压至厚0.8cm。

21 将左侧3/4面团向内对折。

22 再将右侧1/4面团向内对折。

23 再对折，折叠成4折（完成第2次的4折作业／4折2次）。

24 用擀面棍轻按压两侧的开口边，让面团与黄油紧密贴合，而后用塑料袋包覆，冷冻松弛约30分钟。

▽

折叠裹入－红曲面团

25 将冷藏过的红曲面团延压成长方片，长边为将来放入的裹入油的同侧边的2倍长，短边则等于裹入油的另一向边长。

26 将100g裹入油摆放在红曲面团中间。

27 用擀面棍在裹入油的两侧稍按压出凹槽。

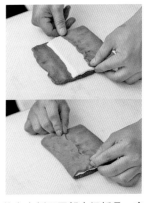

28 将左右侧面团朝中间折叠，完全包覆住裹入油，并将接口稍捏紧密合。

29　将上下两侧的开口捏紧密合，完全包裹住黄油，避免空气进入。

30　转向，延压至厚约0.8cm。

31　将左侧3/4面团向内对折。

32　再将右侧1/4面团向内对折。

33　再对折，折叠成4折（完成第1次的4折作业／4折1次）。

34　用擀面棍轻按压两侧的开口边，让面团与黄油紧密贴合，用塑料袋包覆，冷冻松弛约30分钟。

35　将面团延压至厚约0.8cm。

36　将左侧3/4面团向内对折，再将右侧1/4面团向内对折。

37　再对折，折叠成4折（完成第2次的4折作业／4折2次）。

38　用擀面棍轻按压两侧的开口边，让面团与黄油紧密贴合，用塑料袋包覆，冷冻松弛约30分钟。

组合折叠面团

39　将完成4折2次的红曲面团叠合在可可面团上。

40　再延压平整、展开，先将面团宽度压成约15cm，再转向延压平整出长度不限、厚约2cm的长片。

41　将双色面团裁切成宽约0.5cm的长条。

42 在做法9完成4折2次的白色面团表面，整齐排放上条状的双色面团（以相同方向放置，切面朝上），铺满整个表面。

提示

摆放双色面团时，避免碰触切口断面，以免影响外观。

43 将面团延压平整、展开，先将面团宽度压成约44cm，再转向延压平整出长度不限、厚度约0.5cm的长片。完成后，包覆塑料袋，冷冻松弛约30分钟。

▽

分割

44 将面团对半裁成宽22cm的长片，相互叠放，而后测量标记出底10cm高22cm的等腰三角形各顶点。

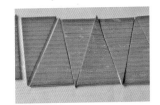

45 将多余的左右侧边切除，裁切成底10cm高22cm的等腰三角形（约60g）。将分割完成的三角片覆盖塑料袋，冷藏松弛约30分钟。

▽

整形、最后发酵

46 将三角片翻面，白色面皮朝上，从底边向前卷起。

47 尾端压至底下方，成直型可颂，并稍按压。

48 将整形完成的面团尾端朝下，排列放置烤盘上，放置室温30分钟，待解冻回温。

49 再放入发酵箱，最后发酵约90分钟（温度28℃，湿度75%）。放置室温干燥5~10分钟。

烘烤、表面装饰

50 放入烤箱，以上火220℃／下火180℃烤约8分钟，再关上火，以下火180℃烤约7分钟，待冷却，表面涂刷糖水即可。

Recipe.12

漩涡花编可颂

基本技法，加上裁切层叠组合，
获得这款口感酥脆、视觉特别的可颂。

基本工序

搅拌

· 除酵母外所有材料慢速搅拌成团，加入鲜酵母拌匀，转
  中速搅拌至表面光滑、筋度八分。
· 搅拌完成时面温25℃。
· 切分面团为200g的2个，440g的3个。
· 将440g面团中的一个加入可可粉及水揉成可可面团，
  另一个加入红曲粉及水揉成红曲面团。

▽

基本发酵

· 面团滚圆，基发30分钟。

冷藏松弛

· 面团压平，松弛12小时（5℃）。

▽

折叠裹入

· 将裹入油分成123g的3份，分别包裹入3色面团。
· 折叠：将3色面团分别作4折1次折叠，冷冻松弛30分
  钟。
· 叠合3色面团，延压成厚2cm的长片，切4等份叠合（4
  折2次），冷冻松弛30分钟。
· 将3色组合面团切成宽0.8cm条状。
· 将3色组合面条铺放在白面团表面，再覆盖上另一白面
  团，捏紧四周，延压成宽40cm厚0.7cm片状，冷冻松弛
  30分钟。

▽

分割、整形

· 切成底6cm高20cm等腰三角形（约60g），冷藏松弛30
  分钟。
· 整形成直型可颂。

▽

最后发酵

· 室温松弛30分钟（解冻回温）。
· 发酵90分钟（温度28℃，湿度75％）。室温干燥5~10
  分钟。

▽

烘烤

· 烤8分钟（220℃ / 180℃），再7分钟（关 / 180℃）。
· 薄刷糖水。

类 型 —— 可颂类，4×4

难易度 —— ★★★★★

82

《 材料 》

▼ **面团**（1764g）

A
- 法国粉…1000g
- 细砂糖…100g
- 盐…20g
- 发酵黄油…50g

B
- 麦芽精…10g
- 水…500g
- 鲜酵母…40g

C
- 可可粉…11g
- 水…11g

D
- 红曲粉…11g
- 水…11g

▼ **折叠裹入**

片状黄油…369g

▼ **表面用**

糖水（做法见第78页）

《 做法 》

面团制作

01 参照"法式经典可颂"第42页做法1~3的制作方式搅拌面团至八分筋状态。取出面团，切分成200g的2个、440g的3个。将440g面团中的一个加入材料D揉和均匀，做成红曲面团；另一个加入材料C揉和均匀，即成可可面团。

02 参照第42页做法4~5的制作方式，将面团进行基本发酵、冷藏松弛，完成面团的制作。

折叠裹入-三色面团

03 将裹入油分成123g的三份，分别擀开、平整成软硬度与面团相同的长方状。

04 分别将440g的白色面团、红曲面团、可可面团延压成长方片，长边为将来放入的裹入油的同侧边的2倍长，短边则等于裹入油的另一向边长。

05 将裹入油（123g）摆放在白色、可可、红曲面团中间。

06 用擀面棍在裹入油的两侧稍按压出凹槽。

07 分别将各块面团的两侧朝中间折叠，盖住裹入油，再将中央接口稍捏紧密合、两侧开口捏紧密合，完全封住黄油、避免空气进入。

08 转向，延压至厚约0.8cm。

09 分别将一侧1/4面团向内折叠，再将另一侧3/4面团向内折叠。

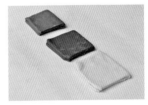

10 再对折，折叠成4折（完成第1次的4折作业／4折1次）。

11 分别用擀面棍轻按压两侧的开口边，让面团与黄油紧密贴合。

12 用塑料袋包覆，冷冻松弛约30分钟。

83

13　将面团分别延压平整至厚约
　　0.8cm。

▽

组合折叠面团

14　将三色面团叠合。

15　再延压平整、展开，先将面团
　　宽度压成约15cm，再转向，
　　延压平整出长度不限、厚度约
　　2cm的长片。

16　将三色叠合面团分切成4等
　　份。

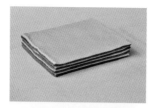

17　再以相同方向堆叠组合成4
　　层，用塑料袋包覆，冷冻松弛
　　30分钟。

18　将叠合的三色面团裁切成宽约
　　0.8cm的长条。

19　将做法1中的2个200g的白色面
　　团延压擀平成稍大于三色面团
　　大小。

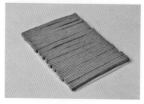

20　在上一步擀平的一片白色面
　　团表面整齐排放上条状的三
　　色面团（以相同方向放置、
　　切面朝上）。

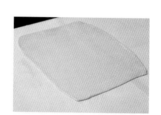

21　铺满整个表面。

22　表面再覆盖上另一片擀平的白
　　色面团。

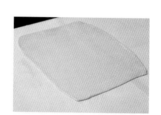

23　沿着四周稍捏紧密合，完全封
　　住。

提示

摆放双色面团时，避免碰触切口
断面，以免影响外观。

24　再延压平整、展开，先将面团
　　宽度压成约40cm，再转向，
　　延压平整出长度不限、厚度约
　　0.7cm的长片。完成后，包覆塑
　　料袋，冷冻松弛约30分钟。

▽

分割

25　将面团对半裁成宽20cm的长
　　片，相互叠放，而后测量标记
　　出底6cm高20cm等腰三角形各
　　顶点。

26 将多余的左右侧边切除，裁切
    成三角形（约60g）。将分割
    完成的三角片覆盖塑料袋，冷
    藏松弛约30分钟。

▽

整形、最后发酵

27 将三角片从底边向前卷起，尾
    端压至下方。

28 成直型可颂，并稍按压。

29 将整形完成的面团尾端朝下，
    排列放置烤盘上，放置室温30
    分钟，待解冻回温。再放入发
    酵箱，最后发酵约90分钟（温
    度28℃，湿度75%）。放置室
    温干燥约5~10分钟。

▽

烘烤

30 放入烤箱，以上火220℃ /
    下火180℃烤约8分钟，再关
    上火，以下火180℃烤约7分
    钟，出炉，表面涂刷糖水。

Recipe 43

虎纹迷彩可颂

虽然做工稍为繁复，需要花点时间制作花纹面皮，
但外表吸睛、口感可人的可颂，
拿来送人一定能制造出惊喜！

基本工序

搅拌
· 除酵母外的所有材料慢速搅拌成团，加入鲜酵母拌
　　匀，转中速搅拌至表面光滑、筋度八分。
· 搅拌完成时面温25℃。
· 切取出原味面团1000g一份，360g两份。
· 取一360g面团加入可可粉及水揉成可可面团。

▽

基本发酵
· 面团滚圆，基发30分钟。

▽

冷藏松弛
· 面团压平，松弛12小时（5℃）。

▽

折叠裹入
· 将1000g面团包油。
· 作4折2次折叠，两次折叠间冷冻松弛30分钟。
· 延压至1cm厚，冷冻松弛30分钟。

▽

分割、整形
· 将360g的白色和可可面团压成片，叠合，再压
　　薄，卷成圆柱状，冷冻松弛30分钟，切圆片。
· 圆形片铺放1000g白面团表面，冷冻松弛30分钟，
　　延压成厚0.5cm片状，冷冻松弛30分钟。
· 切成底10cm高22cm等腰三角形（约60g），冷藏
　　松弛30分钟。
· 整形成直型可颂。

▽

最后发酵
· 室温松弛30分钟（解冻回温）。
· 发酵90分钟（温度28℃，湿度75％）。
· 室温干燥5~10分钟。

▽

烘烤
· 烤8分钟（220℃/180℃），再7分钟（关/180℃）。
· 薄刷糖水。

类型 —— 可颂类，4×4
难易度 —— ★★★★★

▼ **面团**（1738g）

A
- 法国粉…1000g
- 细砂糖…100g
- 盐…20g
- 发酵黄油…50g

B
- 麦芽精…10g
- 水…500g
- 鲜酵母…40g

C
- 可可粉…9g
- 水…9g

▼ **折叠裹入**

片状黄油…280g

▼ **表面用**

糖水（第78页）

《 做法 》

面团制作

01　参照"法式经典可颂"第42页做法1~3的制作方式，将面团搅拌至八分筋状态。取出面团，切成1000g、360g、360g三份；取其中一份360g面团加入材料C揉和均匀，做成可可面团。

02　参照第42页做法4~5的制作方式，将面团进行基本发酵、冷藏松弛，完成面团的制作。

△

折叠裹入–1000g白色面团

03　参照第42页起做法6~12的折叠方式，将片状黄油包裹入1000g面团中，捏紧接合口，完全密封。

04　转向，延压平整至厚约0.8cm。将左侧3/4面团向内对折。

05　再将右侧1/4面团向内对折。

06　折叠成形。

07　再对折，折叠成4折（完成第1次的4折作业 / 4折1次）。

08　用擀面棍轻按压两侧的开口边，让面团与黄油紧密贴合。

09　用塑料袋包覆，冷冻松弛约30分钟。

10　将面团放在撒有高筋面粉的台面上，再延压平整至厚约0.8cm。

11　将左侧3/4面团向内对折。

12　再将右侧1/4面团向内对折。

13 再对折，折叠成4折（完成第2
次的4折作业／4折2次）。

14 用擀面棍轻按压两侧的开口
边，让面团与黄油紧密贴合。

15 将面团延压平整、展开：先
压成宽25cm；再转向，延压
成长度不限、厚度约1cm的长
片，用塑料袋包覆，冷冻松弛
约30分钟。

组合折叠面团

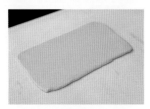

16 将360g的白色面团延压擀平成
宽15cm长40cm。

17 将360g的可可面团延压擀平成
宽15cm长40cm。

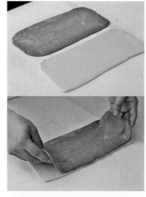

18 将擀平的可可面团叠放在白色
面团上。

19 再延压平整至厚约0.5cm，喷
上水雾。

20 从一端卷起至底，并将底端稍
延压薄（有利于收口）。

21 完全卷成圆柱形。再将收口置
于底，用塑料袋包覆面团，冷
冻松弛约30分钟。

22 将圆柱形面团切成厚约0.5cm
的圆形片。

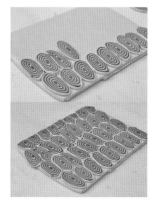

23 整齐地铺放在做法15的白色面
团上，包覆塑料袋，冷冻松弛
约30分钟。

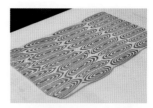

24 再延压平整、展开：先将面团
宽度压至约44cm；再转向，
延压平整成长度不限、厚度约
0.5cm的长片，包覆塑料袋，
冷冻松弛约30分钟。

分割

25　将面团对半裁成宽22cm的长片，相互叠放（以利于后面的加工效率）。

26　测量标记出底10cm高22cm的等腰三角形的各顶点。

27　将多余的左右侧边切除，再裁成等腰三角形（约60g）。

28　将分割好的三角片覆盖塑料袋，冷藏松弛约30分钟。

整形、最后发酵

29　将三角片稍微拉长、翻面，白色面皮朝上。

30　从底边向前卷起。

31　成直型可颂，尾端在下方，并稍按压。

32　将面团尾端朝下排列放置烤盘上，放置室温30分钟，待解冻回温。

33　再放入发酵箱，最后发酵约90分钟（温度28℃，湿度75%）。放置室温干燥5~10分钟。

▽

烘烤

34　放入烤箱，以上火220℃／下火180℃烤约8分钟，再关上火，以下火180℃烤约7分钟。

35　出炉，表面涂刷糖水即可。

巴黎香榭可颂

香甜不腻味道，与酥松口感相互提引，
可以风靡万众的花纹可颂。

基本工序

搅拌
· 除酵母外所有材料慢速搅拌成团，加入鲜酵母拌
  匀，转中速搅拌至表面光滑、筋度八分。
· 搅拌完成时面温25℃。
· 切分面团为450g、1270g。
· 将1270g面团加入可可粉及水揉成可可面团，再切
  分成150g、1120g。

▽

基本发酵
· 面团滚圆，基发30分钟。

▽

冷藏松弛
· 面团压平，松弛12小时（5℃）。

▽

折叠裹入
· 将裹入油分成310g、126g，分别包入1120g的可可
  面团、450g的原味白色面团。
· 折叠：1120g的可可面团作4折2次折叠，每次折叠
  后均冷冻松弛30分钟；白色面团4折1次。
· 将150g可可面团压平，包覆白色面团，冷冻松弛
  30分钟，延压成厚0.5cm片状，再切4等份，叠合
  （白面团实现了4折2次），冷冻松弛30分钟。

▽

分割、整形
· 组合面团切成宽0.5cm的条状。
· 双色面条铺放在可可面团表面，延压成厚
  0.45cm，冷冻松弛30分钟。
· 切成底8cm高20cm的等腰三角形（约55g），冷藏
  松弛30分钟。
· 整形成直型可颂。

▽

最后发酵
· 室温松弛30分钟（解冻回温）。
· 发酵70分（温度28℃，湿度75%）。
· 室温干燥5~10分钟。

▽

烘烤
· 烤8分钟（220℃／180℃），再7分钟（关／
  180℃）。
· 薄刷香草糖水。

类型 ——— 可颂类，4×4

难易度 ——— ★★★★★

《 材料 》

▼ 面团（1780g）

A
- 法国粉…1000g
- 细砂糖…100g
- 盐…20g
- 发酵黄油…50g

B
- 麦芽精…10g
- 水…500g
- 鲜酵母…40g

C
- 可可粉…30g
- 水…30g

▼ 折叠裹入

片状黄油…440g

▼ 表面用

香草糖水（第72页）

《 做法 》

面团制作

01　参照"法式经典可颂"第42页做法1~3的制作方式，将面团搅拌至八分筋状态。取出面团，切分为1270g、450g两份。将其中1270g面团加入材料C揉和均匀，即成可可面团；再将此面团切分成1120g、150g两份。

02　参照第42页做法4~5的制作方式，将面团进行基本发酵、冷藏松弛，完成面团的制作。

折叠裹入－可可面团

03　将裹入油分成310g、126g两份，分别擀平，平整至成软硬度与面团相同的长方状。

04　将冷藏过的可可面团（1120g）延压成长方片，长边为将来放入的裹入油的同侧边的2倍长，短边则等于裹入油的另一向边长。

05　将裹入油（310g）摆放在可可面团（1120g）中间，用擀面棍在裹入油的两侧稍按压出凹槽。

06　将左右侧面团朝中间折叠，完全包覆住裹入油，并将接口处稍捏紧密合。

07　将上下两侧的开口处捏紧密合，完全包裹住黄油，避免空气进入。

08　转向，延压平整至厚约0.8cm。

09　将左侧3/4面团向内对折，再将右侧1/4面团向内对折。

10　再对折，折叠成4折（完成第1次的4折作业／4折1次）。

11　用擀面棍轻按压两侧的开口边，让面团与黄油紧密贴合，用塑料袋包覆，冷冻松弛约30分钟。

12　将面团延压平整至厚约0.8cm。

13　将左侧3/4面团向内对折，再将右侧1/4面团向内对折。

14　再对折，折叠成4折（完成第2次的4折作业 / 4折2次）。

15　用擀面棍轻按压两侧的开口边，让面团与黄油紧密贴合，用塑料袋包覆，冷冻松弛约30分钟。

▽

折叠裹入 – 白色面团

16　将冷藏过的白色面团（450g）延压成长方片，在中间摆放上裹入油（126g），用擀面棍在裹入油的两侧稍按压出凹槽。

17　将左右侧面团朝中间折叠，完全包覆住裹入油。

18　并将接口处稍捏紧密合，完全包裹住黄油，避免空气进入。

19　转向，延压平整至厚约0.8cm。

20　将左侧3/4面团向内对折，再将右侧1/4面团向内对折。

21　再对折，折叠成4折（完成第1次的4折作业 / 4折1次）。

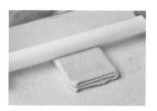

22　用擀面棍轻按压两侧的开口边，让面团与黄油紧密贴合。

组合折叠面团

23　将可可面团（150g）延压成稍大于上一步的方形片（足够包覆即可，不可过薄）。

24　覆盖在白色折叠面团上。

25　翻面，沿着四边稍黏贴收合，包覆住折叠面团。整体用塑料袋包覆，冷冻松弛约30分钟。

26 将上一步的双色面团再延压平整成厚度约0.5cm的长片（宽度与可可折叠面团的一边相同）。再切成4等份，并以相同方向堆叠（完成4折2次），冷冻松弛30分钟。再切成宽约0.5cm的长条。

27 在完成4折2次的可可面团表面，整齐排放上条状的双色面团（断面朝上，且方向相同）。

28 铺满整个表面。

29 再延压平整、展开：先将宽度压成约40cm，再转向，延压平整成长度不限、厚度约0.45cm的长片。完成后，包覆塑料袋，冷冻松弛约30分钟。

▽
分割

30 将面团对半裁成宽20cm的两片。测量标记出底8cm高20cm的等腰三角形各顶点。

31 将多余的左右侧边切除，裁切成等腰三角形（约55g）。将分割好的三角片覆盖塑料袋，冷藏松弛约30分钟。

▽
整形、最后发酵

32 将三角片可可面皮朝上，从底边向前卷起。

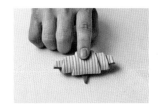

33 卷成直型可颂，尾端在下方，并稍按压。

34 将整形好的面团尾端朝下，排列放置烤盘上，放置室温30分钟，待解冻回温。

35 再放入发酵箱，最后发酵约70分钟（温度28℃，湿度75%）。放置室温干燥5~10分钟。

▽
烘烤

36 放入烤箱，以上火220℃／下火180℃烤约8分钟，再关上火，以下火180℃烤约7分钟，出炉，表面涂刷香草糖水即可。

2

松脆温润，
丹麦面包

Danish Pastry

丹麦与可颂的面团类似，都是在面团内包裹黄油，
以面团层与黄油层层层相间的方式折叠擀压。
传统的丹麦面团会添加蛋和砂糖，并与多种甜味食材搭配，
因此面团要比可颂稍甜，裹油比例稍低，
口感甜软，酥脆度及层次不如可颂。
造型没有固定，随着面团裹入油量与折叠层数的差异，
以及配料装饰摆放的不同，而会有各式的吸睛造型。
香浓风味，酥松爽口外皮、柔软的内里口感，
最是丹麦面包的特色。

丹麦面团的基本制作

本单元介绍适用于本书丹麦面团的直接法、中种法、法国老面法等基本面种制作方法。
这些基本的发酵种法，可用于面团中的风味变化。

1
直接法

适用 —— 丹麦面团类

材料

面团（1838g）

高筋面粉…700g
低筋面粉…300g
细砂糖…150g
盐…18g
发酵黄油…80g
全蛋…100g
牛奶…100g
水…350g
鲜酵母…40g

混合搅拌

01　将高筋面粉、低筋面粉、细砂糖、盐、黄油慢速搅拌混合均匀。

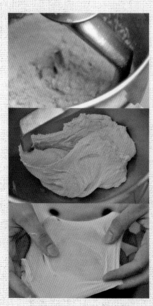

02　加入全蛋、牛奶、水搅拌成团后，加入鲜酵母拌匀，再转中速搅拌至表面光滑的八分筋状态（完成时面温约25℃）。

搅拌完成时，可拉出均匀薄膜，有筋度弹性。

基本发酵

03　将面团整理成圆滑状态，放入容器中，放置室温基本发酵约30分钟。

冷藏松弛

04　用手拍压面团将气体排出，压平整成长方状，放置塑料袋中，冷藏（5℃）松弛约12小时。

关于直接法

将所有材料依先后次序全部混合搅拌后一起发酵的制作方式，是最基本的发酵法。简单的制程能发挥原有材料的风味，让面团释出丰富的小麦香。

2

中种法

适用 — 丹麦面团类

材料

中种面团（1060g）

高筋面粉…700g
牛奶…350g
鲜酵母…10g

主面团（778g）

A
┌ 低筋面粉…300g
│ 细砂糖…150g
│ 盐…18g
└ 发酵黄油…80g
B
┌ 全蛋…100g
└ 牛奶…100g
C - 鲜酵母…30g

01　将中种面团所有材料慢速搅拌均匀，约6分钟。

02　将面团覆盖上保鲜膜，室温基本发酵约30分钟，再移置冷藏（约5℃）发酵12小时。

混合搅拌 – 主面团

03　将主面团的材料A慢速搅拌混合均匀。

04　加入全蛋、牛奶搅拌成团后，再加入中种面团慢速搅拌至成团。

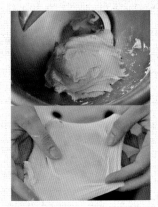

05　加入鲜酵母拌匀，再转中速搅拌至表面光滑的八分筋状态（完成时面温约25℃）。

搅拌完成时，可拉出均匀薄膜，有筋度弹性。

基本发酵

06　将面团整理成圆滑状态，放入容器中，室温基本发酵约30分钟。

冷藏松弛

07　用手拍压面团将气体排出，压平整成长方状，放置塑料袋中，冷藏松弛约4小时。

关于中种法

事先将部分材料混合发酵（做成中种），再加入其他材料搅拌（做成主面团）后再发酵的二阶段式做法。由于发酵时间长，淀粉更加糖化，因此面团具特有的深层风味，做好的制品具分量感，柔软的内层也较不易硬化，更具保存性，充满发酵特有的香味。

3
法国老面法

适用 ── 丹麦面团类

材料

面团（2138g）

A	高筋面粉…700g
	低筋面粉…300g
	细砂糖…150g
	盐…18g
	鲜酵母…40g
	全蛋…100g
	牛奶…100g
	水…350g
	发酵黄油…80g
B	法国老面…300g（第40页）

混合搅拌

01 将高筋面粉、低筋面粉、细砂糖、盐、黄油，放入搅拌缸中，慢速搅拌混合均匀。

02 加入全蛋、牛奶、水搅拌后，再加入法国老面慢速搅拌至成团。

03 再加入鲜酵母拌匀，转中速搅拌至表面光滑的八分筋状态（完成时面温约25℃）。

基本发酵

04 将面团整理成圆滑状态，放入容器中，放置室温基本发酵约30分钟。

冷藏松弛

05 用手拍压面团将气体排出，压平整成长方状，放置塑料袋中，冷藏（5℃）松弛约12小时。

关于法国老面法

从使用中的法国面团中撷取部分，经过一夜低温发酵制成的法国老面，具有安定的发酵力，适用于任何类型的面包制作，能酿酵出微量的酸味及甘甜风味，让面包带有柔和的美味。书中使用的法国老面，是将搅拌好的面团经以60分钟基本发酵后，再冷藏发酵12小时以上而获得。

Recipe.15

雪花焦糖珍珠贝

将折叠面团包馅，对折后就形成这种扇贝造型。
外层的漩涡纹路呈现出美丽分明的层次。
表层沾裹的粗粒砂糖，
与酥脆的面包层次形成独特的口感。

类 型——丹麦类，3×3×3

难易度——★★★

基本工序

搅拌

· 除酵母外所有材料慢速搅拌成团，加入鲜酵母
  拌匀，转中速搅拌至表面光滑、筋度八分。
· 搅拌完成时面温25℃。

▽

基本发酵

· 滚圆，基发30分钟。

▽

冷藏松弛

· 面团压平，松弛12小时（5℃）。

▽

折叠裹入

· 面团包油。
· 3折3次，后两次折叠后均冷冻松弛30分钟。

▽

分割、整形

· 延压至宽40cm、厚0.5cm。
· 卷成圆柱状，冷冻松弛30分钟，分切，沾裹
  细砂糖。
· 擀成椭圆形，挤入馅，包成半月形。

▽

最后发酵

· 室温松弛30分钟（解冻回温）。
· 发酵60分钟（温度28℃，湿度75%）。
· 室温干燥5~10分钟。

▽

烘烤

· 烤15分钟（210℃/170℃）。
· 筛洒糖粉。

《 材料 》

▼ **面团**（1840g）

法国粉…700g
高筋面粉…300g
奶粉…50g
细砂糖…100g
盐…20g
鲜酵母…40g
全蛋…150g
淡奶油…150g
水…250g
发酵黄油…80g

▼ **折叠裹入**

片状黄油…500g

▼ **夹层内馅**

白酒卡士达馅（见后一页）

▼ **表层用**

细砂糖、糖粉

《 做法 》

面团制作

01 参照"脆皮杏仁卡士达"第103页做法3~7的制作方式，混合搅拌、基本发酵、冷藏松弛，完成面团的制作。

▽

折叠裹入

02 参照第103页做法8的折叠方式，将片状黄油包裹入面团中。

03 参照第103页起做法9~20的折叠方式，完成3折3次的折叠作业。

04 将面团延压平整、展开，先将面团宽度压成约40cm。

05 再转向，延压平整成长度不限、厚度约0.5cm的长片。

▽

分割、整形、最后发酵

06 将面团从长边卷起。

07 卷成圆柱形，而后收口置于底，用塑料袋包覆，冷冻松弛约30分钟。

08 分切成块状（每块约80g，下刀间隔约2.5~3cm），约可切成28个。

09 在表面沾裹砂糖。

10 将沾砂糖面朝下，以擀面棍敲平（或用丹麦机压平）。

11 由中间朝前朝后擀压成厚度约0.4cm的椭圆片状（要让圆心保持在中央的位置，烤后表面才会有美丽的漩涡层次）。

12 将白酒卡士达馅（约40g）挤入椭圆片。

13 对折包覆成半圆片。

14 再沿着边捏合成型，表面沾裹上砂糖，放置室温30分钟，待解冻回温。

15 再放入发酵箱，最后发酵约60分钟（温度28℃，湿度75%），放置室温干燥约5~10分钟。

16 放入烤箱，以上火210℃／下火170℃烤约15分钟，出炉。

17 待冷却，在一侧覆盖上烤焙纸，筛洒上糖粉装饰。

手感美味

白酒卡士达馅

《 材料 》

白葡萄酒150g、淡奶油70g、细砂糖30g、低筋面粉20g、无盐黄油60g、蛋黄220g、糖渍橘皮丝100g、牛奶80g

《 做法 》

① 将淡奶油、牛奶加热煮沸。

② 细砂糖、蛋黄、低筋面粉搅拌混合均匀。

③ 待做法①煮沸，再冲入到做法②中拌匀，边拌边煮至沸腾，离火。

④ 再加入黄油拌匀至融化，加入白葡萄酒拌匀，过筛待冷却，加入橘皮丝拌匀，冷藏。

Recipe.16

脆皮杏仁卡士达

用拉网刀在丹麦面皮上切划出网状线条，
卷成筒烘烤后在中间填入香草卡士达馅，
浓郁奶香味与香草卡士达馅的滑顺香甜形成绝妙的滋味。

基本工序

搅拌
·除酵母外所有材料慢速搅拌成团，加入鲜酵母
  拌匀，转中速搅拌至表面光滑、筋度八分。
·搅拌完成时面温25℃。

▽

基本发酵
·滚圆，基发30分钟。

▽

冷藏松弛
·面团压平，松弛12小时（5℃）。

▽

折叠裹入
·面团包油。
·3折3次，后两次折叠后均冷冻松弛30分钟。

▽

分割、整形
·延压至0.4cm厚，切成10cm×20cm。
·冷藏松弛30分钟，切划拉网，卷成筒状。

▽

最后发酵
·室温松弛30分钟（解冻回温）。
·发酵60分钟（温度28℃，湿度75%）。
·室温干燥5~10分钟。
·刷蛋液，撒上杏仁片。

▽

烘烤
·烤14分钟（210℃ / 170℃）。
·挤入香草卡士达馅。

类型——丹麦类，3×3×3

难易度——★★

▼ **面团**（1840g）

法国粉…700g
高筋面粉…300g
奶粉…50g
细砂糖…100g
盐…20g
鲜酵母…40g
全蛋…150g
淡奶油…150g
水…250g
发酵黄油…80g

▼ **折叠裹入**

片状黄油…500g

▼ **表面用**

杏仁片、蛋液

▼ **夹层馅用**

香草卡士达馅（第32页）

《 做法 》

事前准备

01 拉网滚轮刀。

02 中空圆管模（长14.5cm）。

混合搅拌

03 将法国粉、高筋面粉、奶粉、细砂糖、盐、黄油放入搅拌缸中，慢速搅拌混合均匀。

04 加入全蛋、淡奶油、水，慢速搅拌成团。

05 加入鲜酵母拌匀，再转中速搅拌至表面光滑的八分筋状态（完成时面温约25℃）。

基本发酵

06 将面团放入容器中，放置室温基本发酵约30分钟。

冷藏松弛

07 用手拍压面团将气体排出，压平整成长方状，放置塑料袋中，冷藏（5℃）松弛约12小时。

折叠裹入

08 参照"法式经典可颂"第42页起做法6~13的折叠方式，将片状黄油包裹入面团中，延压平整至厚约0.8cm。

09 将左侧1/3面团向内对折，再将右侧1/3面团向内对折。

10 折叠成3折（完成第1次的3折作业／3折1次），从侧面看为3折。

提示

折叠时，边端先对齐，这样才能折出整齐的面团；四边角若不是呈直角的话，油就无法到达角落。

11 用擀面棍轻按压两侧的开口边，让面团与黄油紧密贴合。

12　转向，将面团放在撒有高筋面粉的台面上，擀压平整后，再将左侧1/3面团向内折叠。

13　再将右侧1/3面团向内折叠。

14　折叠成3折（完成第2次的3折作业／3折2次）。

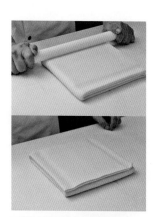

15　用擀面棍轻按压两侧的开口边，让面团与黄油紧密贴合。

16　用塑料袋包覆，冷冻松弛约30分钟。

17　将面团放在撒有高筋面粉的台面上，再延压平整至厚约0.8cm。

18　将左侧1/3面团向内折叠。

19　再将右侧1/3面团向内折叠，折叠成3折（完成第3次的3折作业／3折3次）。

20　用擀面棍轻按压两侧的开口边，让面团与黄油紧密贴合。用塑料袋包覆，冷冻松弛约30分钟。

21　将面团延压平整、展开，先将面团宽度压成约40cm。

22　再转向，延压平整出长度不限、厚度约0.4cm的长片，对折后用塑料袋包覆，冷冻松弛约30分钟。

▽

分割

23　将面团对半裁成宽20cm的两条长片，然后互相叠起（以利于以后的加工效率）。

24　将左右侧边切割平整，裁成10cm×20cm（约80g）长方片，约可切成22个，包覆塑料袋，冷藏松弛约30分钟。

整形、最后发酵

25 用拉网刀在长方面皮的1/3处往下拉划至底端。

26 形成网状纹路。

27 翻面。

28 将中空圆管模放置在未切划的1/3处。

29 从顶端向下卷起至底。

30 接合口置于底，成圆柱状。

31 放置室温30分钟待解冻回温。

32 放入发酵箱，最后发酵约60分钟（温度28℃，湿度75%），放置室温干燥约5~10分钟。

33 在表面刷上蛋液。

34 洒上杏仁片。

烘烤、挤馅

35 放入烤箱，以上火210℃ / 下火170℃烤约14分钟，出炉冷却、脱模。

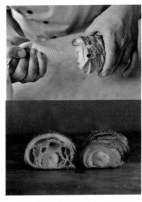

36 在空心处挤入香草卡士达馅。

丹麦红豆吐司

表层撒上酥菠萝，多层次的香甜融合为一体，
内柔软外酥香的经典款。

类型——丹麦类，3×2×3

难易度——★★

基本工序

搅拌

· 除酵母外所有材料慢速搅拌成团，加入鲜酵
　母拌匀，转中速搅拌至表面光滑、筋度八
　分。

· 搅拌完成时面温25℃。

▽

基本发酵

· 滚圆，基发30分钟。

▽

冷藏松弛

· 面团压平，松弛12小时（5℃）。

▽

折叠裹入

· 面团包油。

· 折叠：3折1次，2折1次，3折1次，后两次折

叠后均冷冻松弛30分钟。

· 延压至0.5cm厚，冷冻松弛30分钟，再冷藏
　松弛30分钟。

▽

分割、整形

· 涂抹卡士达馅、铺上红豆粒，卷成圆柱状，
　切小段（550g）。

· 纵切、编结，放入模型。

▽

最后发酵

· 室温松弛30分钟，解冻回温。

· 发酵90分钟（温度28℃，湿度75%）。

· 刷蛋液，撒上酥菠萝。

▽

烘烤

· 烤40分钟（200℃ / 220℃）。

· 筛洒糖粉。

▼ 面团（1868g）

法国粉…900g
低筋面粉…100g
鲜酵母…40g
盐…16g
细砂糖…120g
奶粉…40g
全蛋…80g
牛奶…190g
水…300g
麦芽精…2g
发酵黄油…80g

▼ 折叠裹入

片状黄油…500g

▼ 表面用

酥菠萝、糖粉

▼ 夹层内馅

红豆粒…500g
香草卡士达馅（第32页）…400g

《 做法 》

事前准备

01　450g吐司模。

▽

混合搅拌

02　麦芽精、水先溶解拌匀。将所有材料（鲜酵母除外）放入搅拌缸中，慢速搅拌混合均匀。

03　搅拌成团后加入鲜酵母拌匀，再转中速搅拌至表面光滑的八分筋状态（完成时面温约25℃）。

基本发酵

04　将面团放入容器中，放置室温基本发酵约30分钟。

▽

冷藏松弛

05　用手拍压面团将气体排出，压平整成长方状，放置塑料袋中，冷藏（5℃）松弛约12小时。

▽

折叠裹入

06　参照"法式经典可颂"第42页起做法6~13的折叠方式，将片状黄油包裹入面团中，延压平整至厚约0.8cm。

07　参照第43页起做法14~26的折叠方式，完成3折1次、2折1次、3折1次的折叠作业。

08　将面团延压平整、展开，先将面团宽度压成约15cm。

09　再转向，延压平整成长度不限、厚度约0.5cm的长片。而后将面团对折后用塑料袋包覆，冷冻松弛约30分钟，再移置冷藏松弛约30分钟。取出后再次修整宽度为15cm（去除因转向延压而胀出的部分，获得平整的边缘）。

▽

分割、整形、最后发酵

10　表面涂抹卡士达馅（400g）。

11　铺放上红豆粒（500g）。

12 从长侧边逐渐卷起。

13 卷成圆柱状。而后收口置于底，再分切成2段（每段约550g）。

14 将每小段面团顶端预留一部分，从中间纵切开来。

15 再以切面朝上的方式，交错编结至底端。

16 收口于尾端，再从两端往中间稍压紧。

<hr>

提示

编结时将断面切口朝上，烤好后会有较明显的层次纹路；若表面朝上则较平，无法烤出美丽的层次。

<hr>

17 放入450g吐司模中，放置室温30分钟，待解冻回温。

18 再放入发酵箱，最后发酵约90分钟（温度28℃，湿度75%）至八分满，刷上蛋液。

19 表面洒上酥菠萝。

烘烤

20 放入烤箱，以上火200℃／下火220℃烤约40分钟，出炉、脱模，待冷却，洒上糖粉。

手感美味

酥菠萝

《 材料 》

无盐黄油55g、细砂糖80g、低筋面粉110g

《 做法 》

① 将黄油、细砂糖搅拌至松软，加入过筛的低筋面粉混合拌成粉粒状。

② 将做法①包覆塑料袋，冷冻30分钟，取出，即可使用。

Recipe.18

巴特丹麦吐司

看得到层次分明的组织质地，
里面充满浓郁的奶香。
口感特别的经典丹麦吐司！

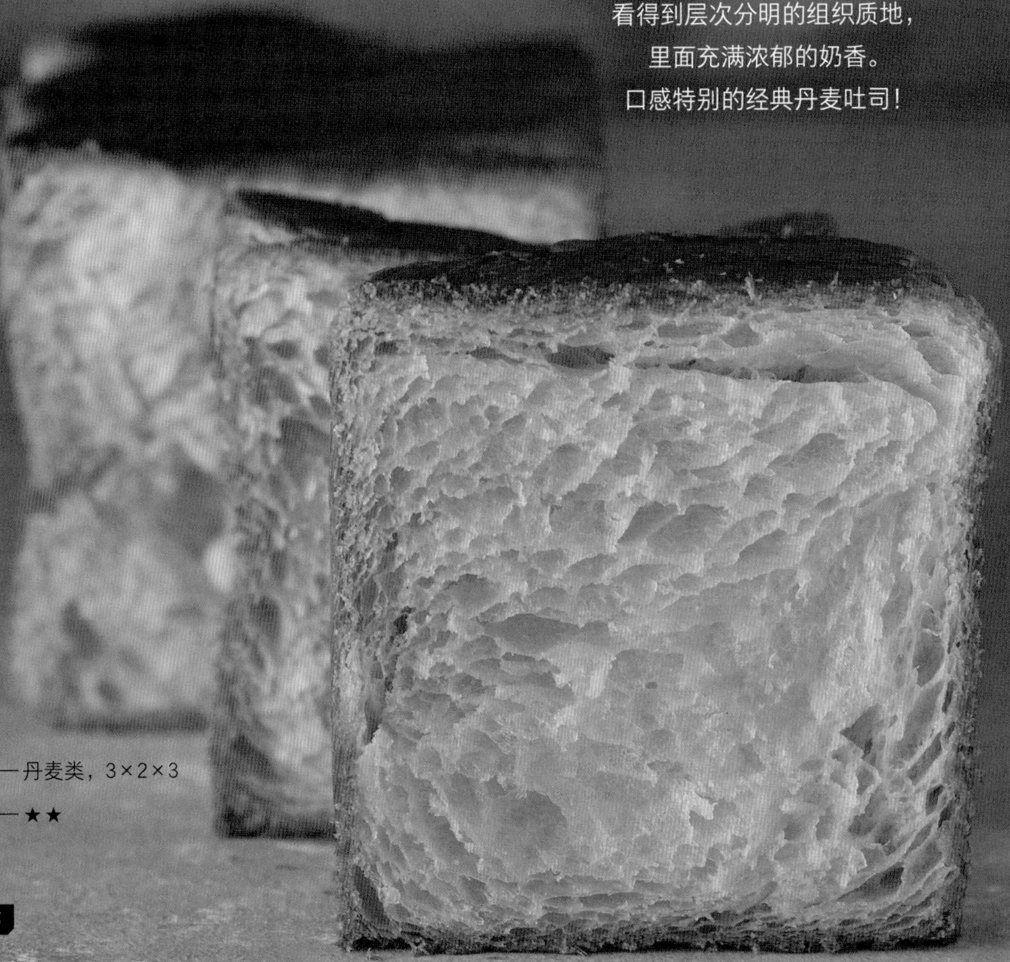

类型——丹麦类，3×2×3

难易度——★★

基本工序

搅拌

· 除酵母外所有材料慢速搅拌成团，加入鲜酵母拌匀，转中速搅拌至表面光滑、筋度八分。

· 搅拌完成时面温25℃。

▽

基本发酵

· 滚圆，基发30分钟。

▽

冷藏松弛

· 面团压平，松弛12小时（5℃）。

▽

折叠裹入

· 面团包油。

· 折叠：3折1次，2折1次，3折1次，后两次折叠后均冷冻松弛30分钟。

· 压至宽40cm、厚0.5cm，冷冻松弛30分钟。

▽

分割、整形

· 卷成圆柱状，切小段（约600g）。

· 纵切，编结，放入模型。

▽

最后发酵

· 室温松弛30分钟（解冻回温）。

· 发酵90分钟（温度28℃，湿度75%）。

▽

烘烤

· 带盖烤40分钟（200℃ / 220℃）。

《 材料 》

▼ **面团**（1868g）

法国粉…900g
低筋面粉…100g
鲜酵母…40g
盐…16g
细砂糖…120g
奶粉…40g
全蛋…80g
牛奶…190g
水…300g
麦芽精…2g
发酵黄油…80g

▼ **折叠裹入**

片状黄油…500g

《 做法 》

事前准备

01　450g吐司模。

混合搅拌

02　麦芽精、水先拌匀溶解。将所有材料（鲜酵母除外）放入搅拌缸中，慢速搅拌混合均匀。

03　搅拌成团后加入鲜酵母拌匀，再转中速搅拌至表面光滑的八分筋状态（完成时面温约25℃）。

基本发酵

04　将面团放入容器中，放置室温基本发酵约30分钟。

冷藏松弛

05　用手拍压面团将气体排出，压平整成长方状，放置塑料袋中，冷藏（5℃）松弛约12小时。

折叠裹入

06　参照"法式经典可颂"第42页起做法6~13的折叠方式，将片状黄油包裹入面团中，延压平整至厚约0.8cm。

07　参照第43页起做法14~26的折叠方式，完成3折1次、2折1次、3折1次的折叠作业。

08　将面团延压平整、展开，先将面团宽度压成约40cm。

09 再转向，延压平整成长度不限、厚度约0.5cm的长片，对折后用塑料袋包覆，冷冻松弛约30分钟。

▽

分割、整形、最后发酵

10 将面团横向放置，从长边卷起。

11 成圆柱状，收口置于底，而后分切成小段（约600g）。

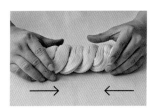

12 将面团纵切分成两个半圆条。

13 将两个半圆条切面朝上，交叉放置。

14 从交错点开始分别朝上、下两端交叉编结至底。

15 将端部稍按压密合。

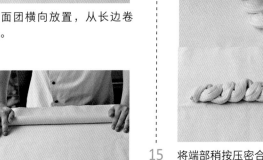

16 再将两端向中间聚拢整形。

****
提示
编结时将断面切口朝上，烤好后会有较明显的层次纹路；若表面朝上则较平，无法烤出美丽的层次。
****

17 再将两端往下弯折，收合于底部。

18 放入450g吐司模中。放置室温30分钟，待解冻回温。再放入发酵箱，最后发酵约90分钟（温度28℃，湿度75%）至八分满。

▽

烘烤

19 加盖，放入烤箱，以上火200℃／下火220℃烤约40分钟，出炉。

Recipe.19

手撕丹麦波波

外皮酥香，
内里柔软绵密，带着浓郁奶香，
层层撕开，别有魅力！

基本工序

搅拌
· 中种面团：所有材料拌成团，基发60分钟。
· 主面团：将中种、主面团材料搅拌至表面光
  滑、筋度八分。
· 搅拌完成时面温27℃。

基本发酵
· 滚圆，基发30分钟。

▽

冷藏松弛
· 面团压平，冷冻松弛2小时。

▽

折叠裹入
· 面团包油。
· 4折2次，每次折叠后冷冻松弛30分钟。
· 延压至1cm厚。
· 两侧各向内2小折，再全部对折，冷冻松弛
  30分钟。

▽

分割，最后发酵
· 分切小段（500g），放入模型。
· 室温松弛30分钟（解冻回温）。
· 发酵90分钟（温度28℃，湿度75%）。

▽

烘烤
· 烤15分钟（200℃／200℃），再10分钟
  （180℃／200℃）。
· 刷香草糖水。

类 型 ——丹麦类，4×4

难易度 —— ★★★

《 材料 》

▼ **中种面团**（1266g）

法国粉…700g
细砂糖…30g
鲜酵母…30g
全蛋…100g
水…366g

▼ **主面团**（752g）

高筋面粉…300g
细砂糖…150g
盐…10g
奶粉…30g
蜂蜜…50g
淡奶油…66g
水…66g
发酵黄油…80g

▼ **折叠裹入**

片状黄油…500g

▼ **表面用－香草糖水**

细砂糖…65g
水…50g
香草酒…15g

《 做法 》

事前准备

01 6英寸圆形模（直径约 15cm）。

香草糖水

02 将细砂糖、水煮沸腾。

03 待冷却，加入香草酒拌匀。

04 即成香草糖水。

中种面团

05 将中种面团所有材料放入搅拌缸中慢速搅拌均匀成团，室温（约27℃）基本发酵约60分钟。

混合搅拌

06 将主面团的所有材料（黄油除外）事先冷冻降温。将中种面团、主面团所有材料、黄油混合搅拌至表面光滑的八分筋状态（完成时面温约27℃）。

基本发酵

07 将面团放入容器中，放置室温基本发酵约30分钟。

冷藏松弛

08 切取面团1950g，用手拍压面团将气体排出，压平整成长方状，放置塑料袋中，冷冻松弛约2小时。

09　参照"法式经典可颂"第42页起做法6~13的折叠方式,将片状黄油包裹进面团中,转向,延压平整至厚约0.8cm。

10　参照"法式牛角可颂"第47页起做法3~14的折叠方式,完成4折2次的折叠作业,再用擀面棍轻轻按压两侧的开口边,让面团与黄油紧密贴合。

11　用塑料袋包覆,冷冻松弛约30分钟。

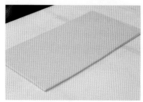

12　将面团延压平整、展开,先将面团宽度压成约42cm,再转向,延压平整成长度不限、厚度约1cm的长片。

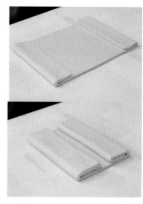

13　将面团左右两侧分别朝内对折两小折。

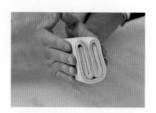

14　再整体对折,用塑料袋包覆,冷冻松弛约30分钟。

分割、整形、最后发酵

15　将面团分切成小段(约500g)。

16　以切面朝下的方式放入圆形模中。

17　放置室温30分钟,待解冻回温。再放入发酵箱,最后发酵约90分钟(温度28℃,湿度75%)至烤模的七分满。

烘烤

18　放入烤箱,以上火200℃/下火200℃烤约15分钟,再以上火180℃/下火200℃烤约10分钟,出炉,刷上香草糖水即可。

橙香草莓星花

酥松皮层中有镂空的纹饰，露出香气十足的果馅。
巧思的造型与香甜的滋味口感，别出心裁的星花丹麦。

基本工序

搅拌
· 所有材料慢速搅拌成团，加入鲜酵母拌匀，
　转中速搅拌至表面光滑，筋度八分。
· 搅拌完成时面温25℃。

▽

基本发酵
· 滚圆，基发30分钟。

冷藏松弛
· 面团压平，松弛12小时（5℃）。

▽

折叠裹入
· 面团包油。
· 折叠：3折1次，2折1次，3折1次，后两次折
　叠后均冷冻松弛30分钟。
· 延压至0.45cm，冷冻松弛30分钟。

分割、整形
· 用模型压出八角星形片，冷藏松弛30分钟。
· 2片为一组。一片镂出花形，冷藏松弛30分
　钟；另一片中心压凹，放内馅。两片组合。

▽

最后发酵
· 室温松弛30分钟（解冻回温）。
· 发酵60分钟（温度28℃，湿度75%）。
· 室温干燥5~10分钟。
· 刷全蛋液。

▽

烘烤
· 烤14分钟（220℃／170℃）。
· 刷糖水，筛糖粉，装饰开心果碎。

类 型 —— 丹麦类，3×2×3
难易度 —— ★★★

《 材料 》

▼ 面团（1838g）

高筋面粉…700g
低筋面粉…300g
细砂糖…150g
盐…18g
鲜酵母…40g
全蛋…100g
牛奶…100g
水…350g
发酵黄油…80g

▼ 折叠裹入

片状黄油…500g

▼ 桔香草莓馅

覆盆子果泥…50g
细砂糖…45g
全蛋…20g
杏仁粉…70g
覆盆子粉…8g
无盐黄油…10g
草莓干…50g
橘皮丝…50g

▼ 表面用

蛋液、糖水（第78页）、糖粉
开心果碎

《 做法 》

事前准备

01 圆形花嘴、玫瑰花嘴。

桔香草莓馅

02 将覆盆子果泥加热后，加入细砂糖、全蛋，以及杏仁粉、覆盆子粉混合拌匀至无粉粒。

03 加入黄油拌匀至融合，再加入草莓干、橘皮丝拌匀。

▽

混合搅拌

04 将高筋面粉、低筋面粉、细砂糖、盐、黄油放入搅拌缸中，慢速搅拌混合均匀。

05 加入全蛋、牛奶、水搅拌均匀成团，再加入鲜酵母拌匀后，转中速搅拌至表面光滑的八分筋状态（完成时面温约25℃）。

▽

基本发酵

06 将面团放入容器中，放置室温基本发酵约30分钟。

▽

冷藏松弛

07 用手拍压面团将气体排出，压平整成长方状，放置塑料袋中，冷藏（5℃）松弛约12小时。

▽

折叠裹入

08 参照"法式经典可颂"第42页起做法6~13的折叠方式，将片状黄油包裹入面团中，延压平整至厚约0.8cm。

09 参照第43页起做法14~26的折叠方式，完成3折1次、2折1次、3折1次的折叠作业。

10 将面团延压平整、展开，先将宽度压成约30cm。

11 再转向，延压平整成长度不限、厚度约0.45cm的长片。对折后用塑料袋包覆，冷冻松弛约30分钟。

分割、整形、最后发酵

12 将面团裁成宽30cm的长片。用八角星模具压切出星形面皮。

13 覆盖塑料袋，冷藏松弛30分钟。

14 将八角星花片分成2等份。取其中1等份，用圆形花嘴在中心处压出小圆花芯。

15 再以小圆为中心，用玫瑰花嘴对应每个星角压出水滴形。

16 完成星花造型，覆盖塑料袋，冷藏松弛约30分钟。

17 取其余八角星花片，用擀面棍在中心处轻按压出凹槽。

18 再放置上滚圆的桔香草莓馅（约20g）。

19 将压花星形片覆盖上去。

20 沿着周边稍加按压贴合。

21 放置室温30分钟，待解冻回温。再放入发酵箱，最后发酵约60分钟（温度28℃，湿度75%）。

22 放置室温干燥5~10分钟，薄刷全蛋液（第20页）。

烘烤、表面装饰

23 放入烤箱，以上火220℃/下火170℃烤约14分钟，表面涂刷上糖水。

24 表面覆盖圆形烤焙纸，在八角星形外围筛洒上糖粉，并在一段圆边上以开心果碎点缀。

117

Recipe. 21

栗子布朗峰

　　将双色面团盘转成形，烘烤形成间层式造型，
底部以花形塔模加以塑形，形成截然不同的层次花样。

基本工序

搅拌
· 将材料A慢速搅拌均匀，加入材料B搅拌成
　团，加入鲜酵母拌匀，转中速搅拌至表面光
　滑、筋度八分。
· 搅拌完成时面温25℃。
· 面团分割成1400g、400g两份，400g面团加
　入可可粉、水揉匀。

▽

基本发酵
· 面团滚圆，基发30分钟。

▽

冷藏松弛
· 面团压平，松弛12小时（5℃）。

▽

折叠裹入
· 面团包油。
· 3折3次，后两次折叠后均冷冻松弛30分钟。
· 可可外皮包覆折叠面团，冷冻松弛30分钟。
· 延压至0.4cm厚，冷冻松弛30分钟。

▽

分割、整形
· 切成底11cm高23cm等腰三角形（约60g）。
· 冷藏松弛30分钟。以锥形圆管缠绕，整形。

▽

最后发酵
· 室温松弛30分钟（解冻回温）。
· 发酵60分钟（温度28℃，湿度75%）。
· 室温干燥5~10分钟。

▽

烘烤
· 烤12分钟（220℃／170℃）。
· 挤馅，洒糖粉，用栗子、金箔点缀。

类型 —— 丹麦类，3×3×3

难易度 —— ★★★

《 材料 》

▼ **面团**（1858g）

A
高筋面粉…700g
低筋面粉…300g
细砂糖…150g
盐…18g
发酵黄油…80g

B
全蛋…100g
牛奶…100g
水…350g
鲜酵母…40g

C
可可粉…10g
水…10g

▼ **折叠裹入**

片状黄油…400g

▼ **完成用**

栗子卡士达馅
栗子粒、金箔

《 做法 》

事前准备

01 锥形中空管、菊花塔模。

▽

混合搅拌

02 将材料A放入搅拌缸中慢速搅拌混合均匀。

---

03 加入材料B搅拌成团后，加入鲜酵母拌匀，再转中速搅拌至表面光滑的八分筋状态（完成时面温约25℃）。

04 取面团1400g、400g两份。将小份面团（400g）加入材料C揉匀，做成可可面团。

基本发酵

05 将原味面团、可可面团放置室温下，基本发酵约30分钟。

冷藏松弛

06 用手拍压面团将气体排出，压平整成长方状，放置塑料袋中，冷藏（5℃）松弛约12小时。

▽

折叠裹入

07 参照"法式经典可颂"第42页起做法6~13的折叠方式，将片状黄油包裹入面团（1400g）中，延压平整至约0.8cm厚。

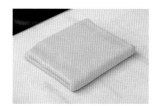

08 参照"脆皮杏仁卡士达"第103页起做法9~20的折叠方式，完成3折3次的折叠面团，用擀面棍轻按压两侧的开口边，让面团与黄油紧密贴合。

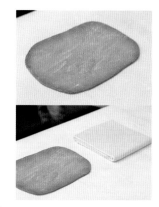

09 将可可面团（400g）延压成稍大于做法8的长方形片（足够包覆即可，不可过薄）。

10 将可可面团覆盖在折叠面团上。

11 翻面，沿着四边稍黏贴收合，包覆住折叠面团。

12 用塑料袋包覆，冷冻松弛约30分钟。

13 将面团延压平整、展开，先将面团宽度压成约46cm。

14 再转向，延压平整成长度不限、厚度约0.4cm的长片，对折后用塑料袋包覆，冷冻松弛约30分钟。

分割、整形、最后发酵

15 将面团裁成宽23cm的长片，然后互相叠起（以利于以后的加工效率）。测量出底11cm高23cm的等腰三角形各顶点，并做标记。

16 将多余的左右侧边切除，再裁成等腰三角形（约60g）。将三角片覆盖塑料袋，冷藏松弛约30分钟。

17 将三角片白面朝上；底边处放置锥形管，管尖与面皮捏紧。

18 滚动锥形管，让面皮在上面盘绕约4圈。

19 全部盘好。

20 放置菊花塔模中。

21 放置室温30分钟，待解冻回温。再放入发酵箱，最后发酵约60分钟（温度28℃，湿度75%），放置室温干燥约5~10分钟。

烘烤、表面装饰

22 放入烤箱，以上火220℃／下火170℃烤约12分钟，出炉。待冷却，由底部挤入栗子卡士达馅。

23 筛洒上糖粉，顶端放置栗子，再用金箔点缀即成。

手 感 美 味

栗子卡士达馅

《 材料 》

香草卡士达馅（第32页）50g、栗子馅50g、淡奶油50g、栗子粒50g

《 做法 》

栗子粒先切碎。
将所有材料混合拌匀即可。

Recipe. 22

榛果巧克力酥

两色相间的优雅造型，一端还露出榛果巧克力馅，
散发着浓醇的香甜味。

基本工序

搅拌

· 将材料A慢速搅拌均匀，加入材料B搅拌成
团，加入鲜酵母拌匀，转中速搅拌至表面光
滑、筋度八分。

· 搅拌完成时面温25℃。

· 面团分割成1400g、400g两份，400g面团加
入可可粉、水揉匀。

▽

基本发酵

· 面团滚圆，基发30分钟。

▽

冷藏松弛

· 面团压平，松弛12小时（5℃）。

▽

折叠裹入

· 面团包油。

· 3折3次，后两次折叠后均冷冻松弛30分钟。

· 可可外皮包覆折叠面团，冷冻松弛30分钟。

· 延压至0.4cm厚，冷冻松弛30分钟。

▽

分割、整形

· 切成10cm×20cm长方片（约90g）。

· 冷藏松弛30分钟。浅划刀纹，包馅整形。

▽

最后发酵

· 室温松弛30分钟（解冻回温）。

· 发酵60分钟（温度28℃，湿度75%）

▽

烘烤

· 烤13分钟（210℃／180℃）。

· 点缀（两种造型）。

类型——丹麦类，3×3×3

难易度——★★★

▼ **面团**（1858g）

A
- 高筋面粉…700g
- 低筋面粉…300g
- 细砂糖…150g
- 盐…18g
- 发酵黄油…80g

B
- 全蛋…100g
- 牛奶…100g
- 水…350g
- 鲜酵母…40g

C
- 可可粉…10g
- 水…10g

▼ **折叠裹入**

片状黄油…400g

▼ **夹层内馅 - 榛果馅**

葡萄糖…100g
淡奶油…40g
巧克力棒…10支（约70g）
榛果酱…150g
榛果粒…200g
开心果…150g

▼ **表面用**

覆盆子碎、开心果碎

《 做法 》

榛果馅

01　将榛果粒、开心果混合，用上火150℃/下火150℃烤约12分钟，备用。

02　葡萄糖、淡奶油煮沸腾，加入巧克力棒、榛果酱拌匀，加入做法1坚果拌匀。

03　将做法2分成每个30g，搓揉成长条状，冷藏备用即可。

▽

面团制作

04　参照"栗子白朗峰"第119页做法2~6的制作方式，搅拌面团至八分筋状态。
取出面团，切取1400g、400g两份。将其中400g面团加入材料C揉和均匀，做成可可面团。
将面团进行基本发酵、冷藏松弛，完成面团的制作。

▽

折叠裹入

05　参照"法式经典可颂"第42页起做法6~13的折叠方式，将片状黄油包裹入1400g面团中，延压平整至厚约0.8cm。

06　参照"栗子白朗峰"第119页做法8~12的折叠方式，完成3折3次的折叠作业。
将可可面团（400g）包覆住折叠面团，冷冻松弛约30分钟。

07　将面团延压平整、展开，先将宽度压成约40cm。

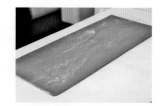

08　再转向，延压平整成长度不限、厚度约0.4cm的长片，对折后用塑料袋包覆，冷冻松弛约30分钟。

▽

分割、整形、最后发酵

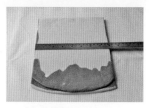

09　将面团裁成宽20cm的长片。然后互相叠起，方便加工。

10　测量出10cm×20cm的长方形的各顶点，并标记。

11　将左右多余侧边切除，再裁出长方片（约90g）。
将长方片覆盖塑料袋，冷藏松弛约30分钟。

12 **造型A**。将白面朝上，在一端1/3长度范围内等间距切划7刀，形成流苏状（8小条）。

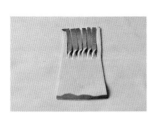

13 再将内部的6小条以相同方向扭转180°，形成扭转纹。

14 在另一端放入榛果馅（约30g）。

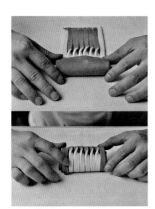

15 包住榛果馅，完全卷起，收口置于底。

16 **造型B**。将可可面朝上，在一端长度1/3范围内等间距切划7刀，形成流苏状（8小条）。

17 翻面，在另一端放入榛果馅（约30g）。

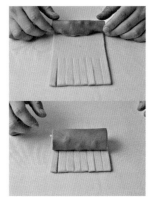

18 包住榛果馅，卷至流苏齐边处。

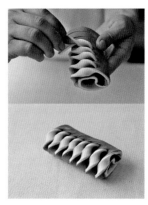

19 再将每小条同向扭转1圈，端部按压黏合，最后收口置底成型。

20 放置室温30分钟，待解冻回温。再放入发酵箱，最后发酵约60分钟（温度28℃，湿度75％），放置室温干燥5~10分钟。

烘烤、表面装饰

21 放入烤箱，以上火210℃ / 下火180℃烤约13分钟，出炉，待冷却。

22 **造型A**。在表面一侧筛洒上糖粉，用覆盆子碎点缀。

23 **造型B**。在非流苏的一侧涂刷果胶，撒上开心果碎。

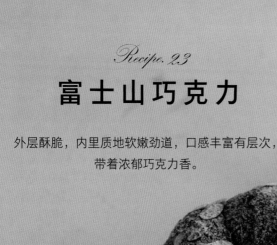

Recipe. 23

富士山巧克力

外层酥脆，内里质地软嫩劲道，口感丰富有层次，
带着浓郁巧克力香。

类型 —— 丹麦类，3×2×3

难易度 —— ★★

基本工序

搅拌
· 除酵母外所有材料慢速搅拌成团，加入鲜酵
母拌匀，转中速搅拌至表面光滑、筋度八
分。
· 搅拌完成时面温25℃。

基本发酵
· 滚圆，基发30分钟。

冷藏松弛
· 面团压平，冷藏松弛12小时（5℃）。

折叠裹入
· 面团包油。
· 折叠：3折1次，2折1次，3折1次，后两次折
叠后均冷冻松弛30分钟。
· 延压至0.5cm厚，冷冻松弛30分钟。

分割、整形
· 切成宽20cm长片，再在其中一侧切细条。
· 包入水滴巧克力，整形成圆柱，扭转。
· 切成段（420g），打成花结，放入模型。

最后发酵
· 室温松弛30分钟（解冻回温）。
· 发酵90分钟（温度28℃，湿度75％）。
· 室温干燥5~10分钟。
· 刷蛋液，铺放杏仁片。

烘烤
· 烤30分钟（180℃ / 220℃）。
· 筛洒糖粉。

▼ **面团**（1898g）

高筋面粉…700g

低筋面粉…300g

可可粉…20g

细砂糖…100g

盐…18g

鲜酵母…40g

全蛋…200g

牛奶…300g

水…100g

发酵黄油…120g

▼ **折叠裹入**

片状黄油…450g

▼ **夹层用**

水滴巧克力…240g

▼ **表面用**

蛋液、杏仁片、糖粉

《 做法 》

事前准备

01 6英寸（直径约15cm）圆形模。

▽

混合搅拌

02 将高筋面粉、低筋面粉、可可粉、细砂糖、盐、黄油慢速搅拌混合均匀。

03 加入全蛋、牛奶、水搅拌均匀成团，再加入鲜酵母拌匀后，转中速搅拌至表面光滑的八分筋状态（完成时面温约25℃）。

基本发酵

04 将面团放置室温下，基本发酵约30分钟。

冷藏松弛

05 用手拍压面团将气体排出，压平整成长方状，放置塑料袋中，冷藏（5℃）松弛约12小时。

▽

折叠裹入 - 包裹入油

06 将冷藏过的面团延压成长方片，长边为将来放入的裹入油的同侧边的2倍长，短边则等于裹入油的另一向边长。

07 将擀平的裹入油摆放在面团中间。

08 用擀面棍在裹入油的两侧边稍按压出凹槽。

09 将左右侧面团朝中间折叠，完全包覆住裹入油，但面皮两端尽量不重叠，再将两端接口稍捏紧密合。

10 将上下两侧的开口捏紧密合，完全包裹住黄油，避免空气进入。

折叠裹入 - 折叠

11 转向，撒上高筋面粉，延压平整至厚约0.8cm。

12　将左侧1/3面团向内折叠。

13　再将右侧1/3面团向内折叠，
　　折叠成3折（完成第1次的3折
　　作业/3折1次）。

提示

折叠时，边端先对齐，才能折出
整齐的面团；四边角若不是呈直
角的话，油脂就无法到达角落。

14　用擀面棍轻按压两侧的开口
　　边，让面团与黄油紧密贴合。

15　转向。

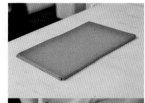

16　延压平整后再对折（2折1
　　次）。

17　用擀面棍轻按压两侧的开口
　　边，让面团与黄油紧密贴合。

18　用塑料袋包覆，冷冻松弛约30
　　分钟。

19　将面团放在撒有高筋面粉的
　　台面上，再延压平整至厚约
　　0.8cm。

20　将左侧1/3面团向内折叠。

21　再将右侧1/3面团向内折叠，折
　　叠成3折（完成第2次的3折作
　　业/3折2次）。

22　用擀面棍轻按压两侧的开口
　　边，让面团与黄油紧密贴合。

23　用塑料袋包覆，冷冻松弛约30
　　分钟。

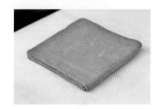

24　将面团延压平整、展开，先将
　　面团宽度压成约40cm。

25 再转向，延压平整成长度不限、厚度约0.5cm的长片，对折后用塑料袋包覆，冷冻松弛约30分钟。

▽

分割、整形、最后发酵

26 将面团裁成宽20cm的长片，共两片。将两片叠在一起。

27 折叠后，在侧边划3刀（面皮两端不切断）。
将切划好的面团展开放平。

28 在切痕的对侧面皮上铺放水滴巧克力（每片约120g）。

29 以稍斜的角度顺势由上而下卷到底，让刀痕在表面螺旋分布。

30 将面团分切成段（420g）。

31 拉起一端绕成环结。

32 并由环结中空处穿入。

33 将两端黏合。收口置底。

34 再稍整形。

35 收口朝底放入圆形烤模中。放置室温下30分钟，待解冻回温。

36 放入发酵箱，最后发酵约90分钟（温度28℃，湿度75%），再放置室温下干燥5~10分钟。表面薄刷全蛋液，铺放杏仁片。

▽

烘烤

37 放入烤箱，以上火180℃ / 下火220℃烤约30分钟，出炉、脱模，待冷却，洒上糖粉。

Recipe.24

欧蕾栗子丹麦

淡淡咖啡香气，包裹着熔化在中央的巧克力，
与奶油馅、栗子的甘甜搭配得很协调。
外观与口感都令人惊艳的咖啡栗子丹麦。

类型——丹麦类，3×3×3

难易度——★★★

基本工序

搅拌

· 除酵母外所有材料慢速搅拌成团，加入鲜酵
  母拌匀，转中速搅拌至表面光滑、筋度八
  分。

· 搅拌完成时面温25℃。

▽

基本发酵

· 滚圆，基发30分钟。

▽

冷藏松弛

· 面团压平，松弛12小时（5℃）。

▽

折叠裹入

· 面团包油。

· 3折3次，后两次折叠后均冷冻松弛30分钟。

· 延压至厚0.5cm，冷冻松弛30分钟。

▽

分割、整形

· 切成12cm边长正方片（55g），冷藏松弛30分
  钟，放入U形模，放入巧克力棒。

▽

最后发酵

· 室温松弛30分钟（解冻回温）。

· 发酵60分钟（温度28℃，湿度75%）。

· 室温干燥5~10分钟。

· 挤入杏仁奶油馅。

▽

烘烤

· 烤14分钟（210℃／180℃）。

· 表面挤上卡士达馅，放上栗子，筛洒糖粉。

《 材料 》

▼ **面团**（1853g）

高筋面粉…700g
低筋面粉…300g
即溶咖啡粉…15g
细砂糖…150g
盐…18g
鲜酵母…40g
全蛋…100g
牛奶…100g
水…350g
发酵黄油…80g

▼ **折叠裹入**

片状黄油…500g

▼ **夹层内馅**

杏仁奶油馅（第33页）
巧克力棒…1条（每个）

▼ **表面用**

香草卡士达馅（第32页）
糖粉、栗子

《 做法 》

事前准备

01　U形模。

▽

混合搅拌

02　将高筋面粉、低筋面粉、细砂糖、盐、黄油、咖啡粉放入搅拌缸，慢速搅拌混合均匀。

03　加入全蛋、牛奶、水搅拌成团后，加入鲜酵母拌匀，再转中速搅拌至表面光滑、八分筋状态（完成时面温约25℃）。

基本发酵

04　将面团放入容器中，放置室温基本发酵约30分钟。

冷藏松弛

05　用手拍压面团将气体排出，压平整成长方状，放置塑料袋中，冷藏（5℃）松弛约12小时。

▽

折叠裹入一包裹入油

06　将冷藏过的面团延压成长方片，长边为将来放入的裹入油的同侧边的2倍长，短边则等于裹入油的另一向边长。

07　将擀平的裹入油摆放在面团中间。

08　用擀面棍在裹入油的两侧稍按压出凹槽。

09　将左右侧面团朝中间折叠，完全包覆住裹入油，但面皮两端尽量不重叠，再将两端接口稍捏紧密合。

10　将上下两侧的开口捏紧密合，完全包裹住黄油，避免空气进入。

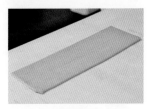

11 转向，撒上高筋面粉，延压平整至厚约0.8cm。

12 将左侧1/3面团向内折叠。

13 再将右侧1/3面团向内折叠，折叠成3折（完成第1次的3折作业 / 3折1次）。

14 用擀面棍轻按压两侧的开口边，让面团与黄油紧密贴合。

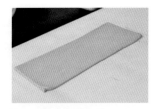

15 转向，撒上高筋面粉，延压平整至厚约0.8cm。

16 再将左侧1/3面团向内折叠。

17 再将右侧1/3面团向内折叠，折叠成3折（完成第2次的3折作业 / 3折2次）。

18 用擀面棍轻按压两侧的开口边，让面团与黄油紧密贴合。

19 用塑料袋包覆，冷冻松弛约30分钟。

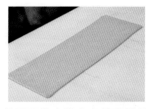

20 将面团放在撒有高筋面粉的台面上，再延压平整至厚约0.8cm。

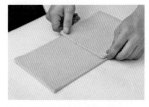

21 将左侧1/3面团向内折叠。

22 再将右侧1/3面团向内折叠，折叠成3折（完成第3次的3折作业 / 3折3次）。

23 用擀面棍轻按压两侧的开口边，让面团与黄油紧密贴合。

24 用塑料袋包覆，冷冻松弛约30分钟。

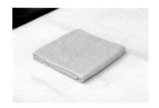

25 将面团延压平整、展开，先将面团宽度压成约36cm。

26 再转向，延压平整成长度不限、厚度约0.5cm的长片。对折后用塑料袋包覆，冷冻松弛约30分钟。

▽

分割

27 将面团裁成宽12cm的长片，3段互相叠起，以便加工。

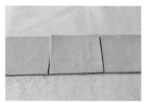

28 再裁切成12cm×12cm的正方形片（约55g）。用塑料袋包覆，冷藏松弛约30分钟。

▽

整形、最后发酵

29 将方形片放置U型烤模中，对角外皮往外侧翻平。

30 再放入巧克力棒。放置室温30分钟，待解冻回温。

31 再放入发酵箱，最后发酵约60分钟（温度28℃，湿度75%），而后挤入杏仁奶油馅（25g）。

▽

烘烤、表面装饰

32 放入烤箱，以上火210℃／下火180℃烤约14分钟，出炉，待冷却。

33 表面挤上香草卡士达馅。

34 摆放上栗子。

35 筛洒糖粉装饰。

Recipe 25

酒酿无花果香颂

用叶形的折叠面皮包覆酒渍无花果馅，
面皮刀痕在烘烤后膨胀，形成漂亮的镂空花纹。
独特绝美的造型丹麦。

类 型 ——丹麦类，3×3×3
难易度 ——★★

基本工序

搅拌
· 除酵母外所有材料慢速搅拌成团，加入鲜酵
　母拌匀，转中速搅拌至表面光滑、筋度八
　分。
· 搅拌完成时面温25℃。

基本发酵
· 滚圆，基发30分钟。

▽

冷藏松弛
· 面团压平，松弛12小时（5℃）。

▽

折叠裹入
· 面团包油。
· 3折3次，后两次折叠后均冷冻松弛30分钟。
· 延压至0.5cm厚，冷冻松弛30分钟。

▽

分割、整形
· 压成叶形片，冷藏松弛30分钟。以2片为一
　组，一片上切划刀纹；包馅；整形。

▽

最后发酵
· 室温松弛30分钟（解冻回温）。
· 发酵60分钟（温度28℃，湿度75%）。
· 室温干燥5~10分钟，刷蛋液。

▽

烘烤
· 烤14分钟（220℃/170℃）。
· 筛洒糖粉、刷果胶。用开心果碎点缀。

《 材料 》

▼ **面团**（1840g）

法国粉…700g
高筋面粉…300g
奶粉…50g
细砂糖…100g
盐…20g
鲜酵母…40g
全蛋…150g
淡奶油…150g
水…250g
发酵黄油…80g

▼ **折叠裹入**

片状黄油…500g

▼ **内馅**

红酒无花果馅

▼ **表面用**

蛋液、开心果碎、糖粉
果胶

《 做法 》

事前准备

01 叶形模框。

▽

面团制作

02 参照"脆皮杏仁卡士达"第103页做法3~7的制作方式，混合搅拌、基本发酵、冷藏松弛，完成面团的制作。

▽

折叠裹入

03 参照"法式经典可颂"第42页起做法6~13的折叠方式，将片状黄油包裹入面团中，延压平整至厚约0.8cm。

04 参照"脆皮杏仁卡士达"第103页起做法9~20的折叠方式，完成3折3次的折叠作业。

05 将面团延压平整、展开，先将面团宽度压成约26cm。

06 再转向，延压平整成长度不限、厚度约0.5cm的长片。对折后用塑料袋包覆，冷冻松弛约30分钟。

▽

分割、整形、最后发酵

07 将面团用叶形模框压切出叶形片。

08 用塑料袋覆盖，冷藏松弛约30分钟。

09 以2片为1组，取一片在一侧斜划3刀纹。

10 另一片铺放红酒无花果馅（约30g）。

11 再覆盖上切划花纹的一片。

12 将面皮两边黏合。

13 侧边压合紧实后，内馅自然鼓起。

14 整形完成。

15 放置室温30分钟，待解冻回温。再放入发酵箱，最后发酵约60分钟（温度28℃，湿度75%）。

16 放置室温干燥5~10分钟，薄刷全蛋液。

▽

烘烤、表面装饰

17 放入烤箱，以上火220℃／下火170℃烤约14分钟，出炉待冷却。

18 将糖粉筛洒在没有刀纹的一侧。

19 在刀纹侧表面及对侧边缘薄刷果胶。

20 再放上开心果碎装饰即可。

手 感 美 味

红酒无花果馅

《 材料 》

无盐黄油68g、低筋面粉15g、细砂糖33g、杏仁粉68g、全蛋15g、肉桂粉10g、红酒无花果270g

《 做法 》

① 将黄油、细砂糖搅拌松发，再加入过筛的低筋面粉、杏仁粉、肉桂粉拌匀。

② 分次慢慢加入全蛋拌匀至融合，加入红酒无花果拌匀。

③ 将做法②分成约30g每份，整形成椭圆状，冷藏备用。

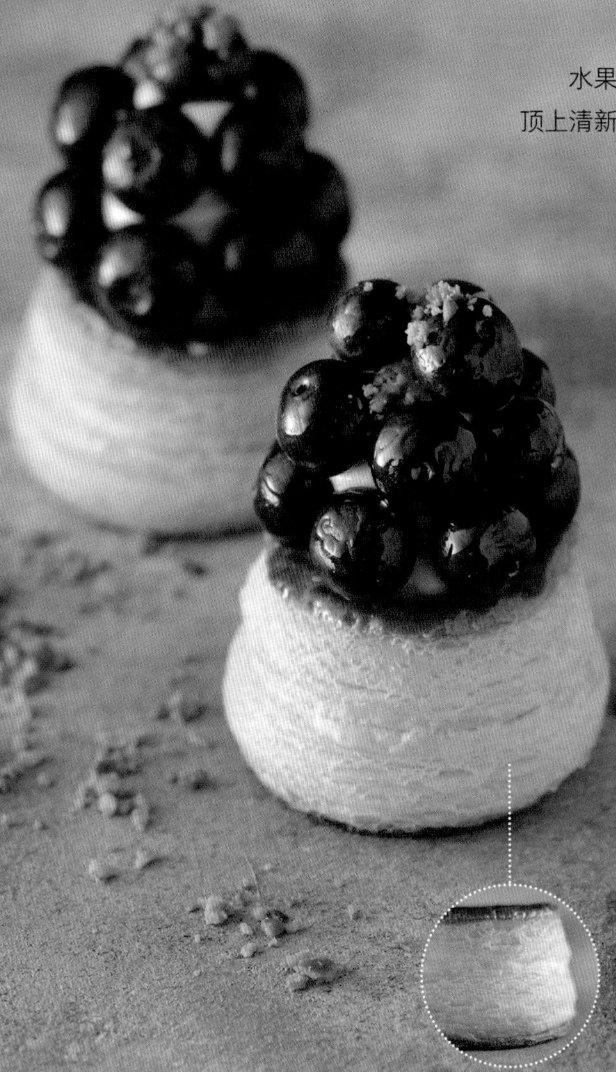

Recipe. 26

粉雪蓝莓酥塔

水果风味的丹麦，挤入卡士达馅后烘烤成型。
顶上清新微酸的莓果包围着柔滑的内馅，别样的香甜。

基本工序

搅拌

· 除酵母外所有材料慢速搅拌成团，加入鲜酵母拌匀，转中速搅拌至表面光滑、筋度八分。

· 搅拌完成时面温25℃。

▽

基本发酵

· 滚圆，基发30分钟。

▽

冷藏松弛

· 面团压平，松弛12小时（5℃）。

▽

折叠裹入

· 面团包油。

· 3折3次，后两次折叠后均冷冻松弛30分钟。

· 延压至0.5cm，冷冻松弛30分钟。

▽

分割、整形

· 压切成圆片，冷冻松弛15分钟。

· 半数圆片压切中空，两圆片组合，刷蛋液。

▽

最后发酵

· 室温松弛30分钟（解冻回温）。

· 发酵50分钟（温度28℃，湿度75%）。

· 刷蛋液，挤入卡士达馅。

▽

烘烤

· 烤10分（210℃ / 170℃）。

· 挤入卡士达馅，放上蓝莓，刷果胶，洒上开心果碎。

类型 — 丹麦类，3×3×3

难易度 — ★★

《 材料 》

▼ **面团**（1840g）

法国粉…700g
高筋面粉…300g
奶粉…50g
细砂糖…100g
盐…20g
鲜酵母…40g
全蛋…150g
淡奶油…150g
水…250g
发酵黄油…80g

▼ **折叠裹入**

片状黄油…500g

▼ **夹层内馅**

香草卡士达馅（第32页）

▼ **完成用**

蓝莓、开心果、果胶

《 做法 》

事前准备

01　直径6cm、4cm圆形模框。

▽

面团制作

02　参照"脆皮杏仁卡士达"第103页做法3~7的制作方式，混合搅拌、基本发酵、冷藏松弛，完成面团的制作。

▽

折叠裹入

03　参照"法式经典可颂"第42页起做法6~13的折叠方式，将片状黄油包裹入面团中，延压平整至厚约0.8cm。

04　参照"脆皮杏仁卡士达"第103页起做法9~20的折叠方式，完成3折3次的折叠作业。

05　将面团延压平整、展开，先将面团宽度压成约40cm。

06　再转向，延压平整成长度不限、厚度约0.5cm的长片，对折后用塑料袋包覆，冷冻松弛约30分钟。

分割、整形、最后发酵

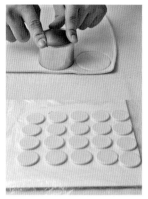

07 用大圆形模框（直径6cm）压出圆形片，包覆塑料袋，冷冻松弛10~15分钟。

08 2张圆片为一组，并将其中一片以小圆形模框（直径4cm）压出中空。

09 稍喷水雾再叠合。

10 表面薄刷蛋液，放置室温30分钟，待解冻回温。

11 再放入发酵箱，最后发酵约50分钟（温度28℃，湿度75%）。

12 薄刷蛋液。

13 再挤上香草卡士达馅。

▽

烘烤、装饰

14 放入烤箱，以上火210℃／下火170℃烤约10分钟，出炉。

15 待冷却，填入香草卡士达馅。

16 放上蓝莓粒。

17 最后薄刷果胶。

18 洒上开心果碎点缀即可。

凯旋火腿丹麦

27层的香脆酥皮，

与极具香气的火腿、芝士、芥末籽酱搭配，

烤得松脆的口感，

非常协调的美味。

基本工序

搅拌

· 除酵母外所有材料慢速搅拌成团，加入
鲜酵母拌匀，转中速搅拌至表
面光滑、筋度八分。

· 搅拌完成时面温25℃。

▽

基本发酵

· 滚圆，基发30分钟。

▽

冷藏松弛

· 面团压平，松弛12小时（5℃）。

▽

折叠裹入

· 面团包油。

· 3折3次，后两次折叠后均冷冻松弛30分钟。

· 延压至0.4cm厚，冷冻松弛30分钟。

▽

分割、整形

· 切成8cm×24cm（90g）长方片，冷藏松弛
30分钟。

· 包馅，对折，切划刀口，弯折成形。

▽

最后发酵

· 室温松弛30分钟（解冻回温）。

· 发酵60分钟（温度28℃；湿度75％）。

· 室温干燥5~10分钟。

· 刷蛋液，撒上芝士丝、美奶滋、黑胡椒。

▽

烘烤

· 烤14分钟（220℃／170℃）。

类型——丹麦类，3×3×3

难易度——★★

▼ **面团**（1840g）

法国粉…700g
高筋面粉…300g
奶粉…50g
细砂糖…100g
盐…20g
鲜酵母…40g
全蛋…150g
淡奶油…150g
水…250g
发酵黄油…80g

▼ **折叠裹入**

片状黄油…500g

▼ **夹层内馅、表面**

火腿片、芝士片、芥末籽酱、
芝士丝、美奶滋、黑胡椒

《 做法 》

面团制作

01 参照"脆皮杏仁卡士达"第
103页做法3~7的制作方式，
混合搅拌、基本发酵、冷藏松
弛，完成面团的制作。

▽

折叠裹入

02 参照"法式经典可颂"第42页
起做法6~13的折叠方式，将
片状黄油包裹入面团中，延压
平整至厚约0.8cm。

03 参照"脆皮杏仁卡士达"第
103页起做法9~20的折叠方
式，完成3折3次的折叠作业。

04 将面团延压平整、展开，先将
面团宽度压成约48cm。

05 再转向，延压平整成长度不
限、厚度约0.4cm的长片，对折
后用塑料袋包覆，冷冻松弛约
30分钟。

▽

分割

06 将面团裁成宽24cm×厚0.4cm
长片，然后互相叠起（以利
于以后的加工效率）。

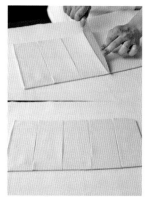

07 再裁切成宽8cm×高24cm（约
90g），约切成22个，包覆塑
料袋，冷藏松弛约30分钟。

▽

整形、最后发酵

08 将面皮横向摆放。

09 用擀面棍在中央处轻按压出凹
痕。

10 在凹痕处挤上芥末籽酱。

11 铺上对切的火腿片。

12 再放上对切的芝士片。

13 将面皮拉起对折。

14 沿着接合口按压。

15 再用擀面棍轻擀压密合。

16 用刀等间隔切划5刀（不切断）。

17 将未切断边朝内，弯折成圆形。

18 放置室温30分钟，待解冻回温。

19 再放入发酵箱，最后发酵约60分钟（温度28℃，湿度75%），放置室温干燥5~10分钟。

20 薄刷蛋液。

21 撒上芝士丝。

22 挤上美奶滋。

23 再撒上黑胡椒。

▽

烘烤

24 放入烤箱，以上火220℃／下火170℃烤约14分钟，出炉冷却。

熏鸡起司丹麦

外皮酥脆内层绵密，带着咸香滋味。
白酱、芝士与酥香的层次相当协调。

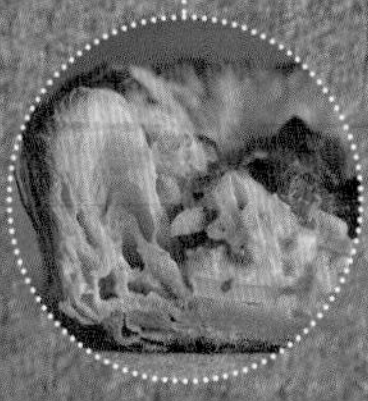

基本工序

搅拌
· 除酵母外所有材料慢速搅拌成团，加入鲜酵
  母拌匀，转中速搅拌至表面光滑、筋度八
  分。
· 搅拌完成时面温25℃。

▽

基本发酵
· 滚圆，基发30分钟。

▽

冷藏松弛
· 面团压平，松弛12小时（5℃）。

▽

折叠裹入
· 面团包油。
· 3折3次，后两次折叠后冷冻松弛30分钟。
· 延压至0.5cm，冷冻松弛30分钟。

▽

分割、整形
· 切成12cm方片（60g），冷藏松弛30分钟。
· 四角折起，放入圆模中。

▽

最后发酵
· 室温松弛30分钟，解冻回温。
· 发酵60分钟（温度28℃，湿度75%）。
· 室温干燥5~10分钟。
· 刷蛋液，铺放馅料。

▽

烘烤
· 烤15分钟（220℃ / 180℃）。
· 刷油，洒干燥香葱。

类 型 —— 丹麦类，3×3×3

难易度 —— ★★

141

《 材料 》

▼ 面团（1840g）

法国粉…700g

高筋面粉…300g

奶粉…50g

细砂糖…100g

盐…20g

鲜酵母…40g

全蛋…150g

淡奶油…150g

水…250g

发酵黄油…80g

▼ 折叠裹入

片状黄油…500g

▼ 内馅-白酱熏鸡馅

白酱（做法见下一页）…200g

熏鸡…450g

洋葱丝…100g

芝士丝…150g

▼ 表面用

橄榄油、干燥香葱

《 做法 》

事前准备

01　圆形模。

白酱熏鸡馅

02　将所有的材料混合拌匀即可。

面团制作

03　参照"脆皮杏仁卡士达"第103页做法3~7的制作方式，混合搅拌、基本发酵、冷藏松弛，完成面团的制作。

折叠裹入

04　参照"法式经典可颂"第42页起做法6~13的折叠方式，将片状黄油包裹入面团中，延压平整至厚约0.8cm。

05　参照"脆皮杏仁卡士达"第103页起做法9~20的折叠方式，完成3折3次的折叠作业。

06　将面团延压平整、展开，先将面团宽度压成约24cm。

07　再转向，延压平整成长度不限、厚度约0.5cm的长片，对折后用塑料袋包覆，冷冻松弛约30分钟。

分割、整形、最后发酵

08　将面团裁成宽12cm的长片，共两片。

09　再裁切成12cm×12cm的正方形（约60g）。

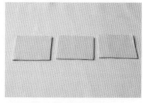

10　切成30个，包覆塑料袋，冷藏松弛约30分钟。

11 将方形片的左右对角朝中间折起。

12 再将上下对角朝中间折起，压紧。

13 折叠成形。

14 放置圆形模中。

15 放置室温下30分钟，待解冻回温。

16 再放入发酵箱，最后发酵约60分钟（温度28℃，湿度75%）。

17 放置室温干燥5~10分钟，刷上蛋液。

18 再稍按压接合处，避免胀开。

19 中间处铺放白酱熏鸡（30g）。

▽

烘烤

20 放入烤箱，以上火220℃ / 下火180℃烤约15分钟，出炉。

21 刷上橄榄油，洒上干燥香葱即可。

手 感 美 味

白酱

《 材料 》

无盐黄油100g、低筋面粉100g、淡奶油150g、牛奶650g、盐适量、黑胡椒适量

《 做法 》

① 将黄油加热熔化，加入低筋面粉混合拌匀。

② 淡奶油、牛奶拌匀，分次慢慢加入做法①中，边拌边煮至浓稠，加入盐、黑胡椒调味即可。

夏恋丹麦芒果

微酸香甜的芒果馅上，盘绕着扭转成条的丹麦面皮，
酥松的表层，酸甜的水果内里，可可饼干的底层，
截然不同的组合，展现出独具魅力的风味。

类型 —— 丹麦类，3×2×3

难易度 —— ★★★

基本工序

搅拌
·除酵母外所有材料慢速搅拌成团，加入鲜
　酵母拌匀，转中速搅拌至表面光滑、筋度
　八分。
·搅拌完成时面温25℃。

▽

基本发酵
·滚圆，基发30分钟。

▽

冷藏松弛
·面团压平，松弛12小时（5℃）。

▽

折叠裹入
·面团包油。
·折叠：3折1次，2折1次，3折1次，后两次
　折叠后均冷冻松弛30分钟。

·延压至0.5cm厚，冷冻松弛30分钟。

▽

分割、整形
·切成1.5cm×35cm条状，冷藏松弛30分钟。
·搓扭成绳，盘绕芒果馅，放置饼皮塔模中。

▽

最后发酵
·室温松弛30分钟（解冻回温）。
·发酵60分钟（温度28℃，湿度75%）。
·室温干燥5~10分钟。
·刷蛋液。

▽

烘烤
·烤13分钟（210℃ / 180℃）。
·丹麦表面刷糖水，塔皮边刷果胶，点缀。

▼ **面团**（1840g）

法国粉…700g
高筋面粉…300g
奶粉…50g
细砂糖…100g
盐…20g
鲜酵母…40g
全蛋…150g
淡奶油…150g
水…250g
发酵黄油…80g

▼ **折叠裹入**

片状黄油…500g

▼ **夹层内馅**

芒果馅

▼ **巧克力饼干体**

发酵黄油…160g
杏仁粉…80g
糖粉…80g
蛋黄…75g
低筋面粉…185g
可可粉…42g
泡打粉…6g

▼ **表面用**

糖水（第78页）、果胶、开心果碎、酒渍樱桃、金箔

《 做法 》

巧克力饼干体

01 将黄油、糖粉搅拌松发，加入杏仁粉拌匀，分次加入蛋黄搅拌融合，加入过筛的可可粉、低筋面粉、泡打粉混合搅拌均匀成团，放入塑料袋中压平冷藏。

02 将巧克力面团分割成小团（约20g），滚圆后放入菊花塔模中。

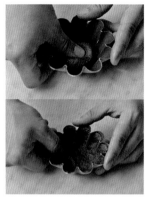

03 沿着模边均匀延展塑形。

▽

混合搅拌

04 将高筋面粉、法国粉、奶粉、细砂糖、盐、黄油放入搅拌缸中，慢速搅拌混合均匀。

05 加入全蛋、淡奶油、水搅拌均匀成团，再加入鲜酵母拌匀后，转中速搅拌至表面光滑的八分筋状态（完成时面温约25℃）。

▽

基本发酵

06 将面团放入容器中，放置室温基本发酵约30分钟。

▽

冷藏松弛

07 用手拍压面团将气体排出，压平整成长方状，放置塑料袋中，冷藏（5℃）松弛约12小时。

▽

折叠裹入

08 参照"法式经典可颂"第42页起做法6~13的折叠方式，将片状黄油包裹进面团中，延压平整至厚约0.8cm。

09 参照第43页起做法14~26的折叠方式，完成3折1次、2折1次、3折1次的折叠作业。

10 将面团延压平整、展开，先将面团宽度压成约35cm。

11 再转向，延压平整成长度不限、厚度约0.5cm的长片，对折后用塑料袋包覆，冷冻松弛约30分钟。

分割、整形、最后发酵

12 将面团多余的左右侧边切除，再裁成宽1.5cm的长条（长35cm，约30g）。覆盖塑料袋冷藏松弛约30分钟。

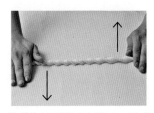

13 将长条片两端反向搓动，形成扭转纹。

14 再揉整均匀。

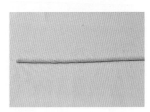

15 成绳状。

16 将芒果馅（约30g）滚圆。

17 将面绳一端以牙签固定在球顶。

18 逐渐盘绕至底。

19 收口于底。

20 放入菊花塔模中。

21 放置室温30分钟，待解冻回温。

22 再放入发酵箱，最后发酵约60分钟（温度28℃，湿度75%）。

23 放置室温干燥5~10分钟，薄刷全蛋液。

▽

烘烤、表面装饰

24 放入烤箱，以上火210℃／下火180℃烤约13分钟。

25 出炉脱模。

26　在表面涂刷上糖水。

27　在饼皮花边涂刷果胶。

28　装上开心果碎点缀。

29　中间放上酒渍樱桃。

30　以金箔点缀。

芒果馅

《 材料 》

杏仁粉100g、细砂糖60g、低
筋面粉100g、蛋50g、无盐黄
油100g、芒果干150g

《 做法 》

将黄油及砂糖搅拌至松软，加
入蛋液拌至融合，加入低筋面
粉、杏仁粉混合拌匀，再加入
芒果干拌匀，分成每个30g，
滚圆备用。

3

松软绵密，
大理石面包

Marble Bread

将面团折叠裹入巧克力片，让巧克力均匀融合其中

口感香甜的面包，因其切面双色交杂的花纹，

就像大理石的纹路，故而得名"大理石面包"。

它本质上虽然不同于可颂、丹麦类型的面包，

但将面团裹入巧克力，反复折叠的制法，

则异曲同工。

大理石面包有各式各样的类型，

口感柔软，内馅口味多样。

大理石面团的基本制作

本单元介绍适用于本书大理石面团的直接法、中种法、液种法等基本面种制作方法。
这些基本的发酵种法，可用于面团中的风味变化。

1
直接法

适用 — 大理石类面包

材料

面团（1964g）

A
| 高筋面粉…850g |
| 低筋面粉…150g |
| 盐…14g |
| 细砂糖…210g |
| 奶粉…30g |
| 高糖酵母…10g |

B
| 水…350g |
| 蛋…200g |

C - 发酵黄油…150g

| 混合搅拌 |

01　先将材料A混匀，加入水、蛋慢速拌匀成团，再以中速搅拌。

02　待搅拌至七分筋状态，加入黄油先慢速搅拌。

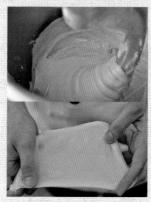

03　再转中速搅拌至表面光滑的八分筋状态（完成时面温约25℃）。

搅拌完成时，可拉出均匀薄膜，有筋度弹性。

| 基本发酵 |

04　取面团1950g，整理成圆滑状态，放置室温下基本发酵约30分钟。

| 冷藏松弛 |

05　用手拍压面团将气体排出。

06　压平整成长方状，放置塑料袋中，冷藏（5℃）松弛约12小时。

2

中种法

适用 — 大理石类面包

材料

中种面团（852g）

高筋面粉…500g

水…350g

高糖酵母…2g

主面团（1112g）

A
| 高筋面粉…350g
| 低筋面粉…150g
| 盐…14g
| 细砂糖…210g
| 奶粉…30g
| 高糖酵母…8g
| 全蛋…200g

B – 发酵黄油…150g

中种面团

01　将中种面团所有材料慢速搅拌均匀成团，约6分钟。

02　将面团覆盖上保鲜膜，室温基本发酵约30分钟，再移置冷藏（约5℃）发酵12小时。

混合搅拌－主面团

03　将中种面团、材料A慢速搅拌均匀成团，再转中速搅拌至面筋形成七分。

04　再加入黄油慢速搅拌均匀。

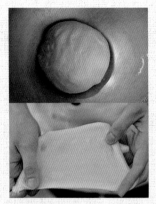

05　再转中速搅拌至表面光滑的八分筋状态（完成时面温约25℃）。

搅拌完成时，可拉出均匀薄膜，有筋度弹性。

基本发酵

06　取面团1950g，整理成圆滑状态，放置室温下基本发酵约30分钟。

冷藏松弛

07　用手拍压面团将气体排出，压平整成长方状，放置塑料袋中，冷藏松弛约1小时。

3
液种法

适用 —— 大理石类面包

材料

面团（415g）

高筋面粉…200g
盐…5g
水…200g
高糖酵母…10g

主面团（1549g）

A
高筋面粉…650g
低筋面粉…150g
盐…9g
细砂糖…210g
奶粉…30g
全蛋…200g
水…150g

B - 发酵黄油…150g

液种

01　将高糖酵母、水放入容器中搅拌溶解后，加入高筋面粉、盐，搅拌混合均匀（完成时面温约26℃）。

02　将搅拌好的做法1覆盖上保鲜膜，室温基本发酵约3小时。

混合搅拌－主面团

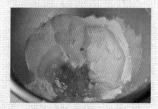

03　将液种、材料A慢速搅拌均匀成团。

04　再转中速搅拌至面筋形成七分。

05　加入黄油慢速搅拌均匀。

06　再转中速搅拌至表面光滑的八分筋状态（完成时面温约25℃）。

基本发酵

07　取面团1950g，整理成圆滑状态，放置室温下基本发酵约30分钟。

冷藏松弛

08　用手拍压面团将气体排出，压平整成长方状，放置塑料袋中，冷藏（5℃）松弛约12小时。

Recipe.30

柠檬罗斯巧克力卷

双色大理石面团，
缠绕螺管整形成螺旋奶油筒造型。
黑白纹理相间，宛如大理石般美丽。

基本工序

搅拌

将材料A先混合，加入材料B慢速搅拌成团，转
中速搅拌至七分筋状态，加入黄油慢速搅拌，
转中速搅拌至表面光滑、筋度八分。

· 搅拌完成时面温25℃。

▽

基本发酵

· 面团分割为1460g、490g；
· 将490g面团加入可可粉、水揉成可可面团；
· 滚圆，基发30分钟。

▽

冷藏松弛

· 面团压平，松弛12小时（5℃）。

▽

折叠裹入

· 面团包裹大理石巧克力片。
· 4折1次。覆盖可可外皮，冷冻松弛30分钟。
· 延压至宽25cm厚1cm，冷冻松弛30分钟。

▽

分割、整形

· 切成25cm×1.5cm长条形（约70g）。
· 扭转成麻花，再绕螺管整形。

▽

最后发酵

· 室温松弛30分钟（解冻回温）。
· 发酵60分钟（温度28℃，湿度75%），室温干
  燥5~10分钟。

▽

烘烤

· 烤10分钟（210℃／170℃）。
· 挤入柠檬乳酪馅，涂刷果胶、洒上覆盆子碎。

类 型——大理石类，4折1次，披覆外层黑皮

难易度——★★★

▼ **面团**（1988g）

A
- 高筋面粉…850g
- 低筋面粉…150g
- 盐…14g
- 细砂糖…210g
- 奶粉…30g
- 高糖酵母…10g

B
- 水…350g
- 蛋…200g

C - 发酵黄油…150g

D
- 可可粉…12g
- 水…12g

▼ **折叠裹入**

大理石巧克力片（第23页）…500g

▼ **夹层内馅**

柠檬乳酪馅（做法见后一页）

▼ **表面用**

果胶、覆盆子碎

《 做法 》

事前准备

01　锥形螺管。

混合搅拌

02　材料A先混合拌匀，再加入材料B慢速搅拌均匀成团，再转中速搅拌。

03　待搅拌至七分筋状态，加入黄油先慢速搅拌，再转中速搅拌至表面光滑、筋度八分（完成时面温约25℃）。

基本发酵

04　将面团分割成1460g、490g两份，再将小份面团加入材料D揉均匀，做成可可面团。两份面团放室温下基本发酵约30分钟。

冷藏松弛

05　用手拍压面团将气体排出，压平整成长方状，放置塑料袋中，冷藏（5℃）松弛约12小时。

▽

大理石巧克力片

06　参照第23页完成"大理石巧克力片"的制作，最后是擀压平整成25cm×18cm片状，冷藏。

▽

折叠裹入

07　参照"黑爵麻薯牛角"第158页做法6~11，将大理石巧克力片包裹入大份的原色面团中，延压平整成厚约0.5cm的长片状。

08　参照第158页起做法12~15，完成面团4折1次的折叠作业。

09　另将可可面团擀压延展成稍大于折叠面团的片状。

10　再将可可外皮覆盖在折叠面团上。

11　沿着四边稍加捏紧贴合。

12　用塑料袋包覆，冷冻松弛约30分钟。

13　将面团延压平整、展开：先将面团宽度压成约25cm；再转向，延压平整成长度不限、厚度约1cm的长片。完成后，包覆塑料袋，冷冻松弛约30分钟。

▽

分割、整形、最后发酵

14 在面团上测量标记出25cm×1.5cm的长方形各顶点，再分割裁出（每个约70g）。

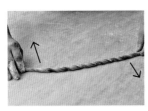

15 将长方条面团两端反向搓动，形成扭转纹。

16 再对折、扭转，成麻花状。

17 将麻花细的一端固定于螺管尖端。

18 沿着螺管缠绕。

19 收口置于底。

20 排列放置烤盘上，放置室温下30分钟，待解冻回温。

21 再放入发酵箱，最后发酵约60分钟（温度28℃，湿度75%），放置室温干燥5~10分钟。

▽

烘烤、挤馅

22 放入烤箱，以上火210℃／下火170℃烤约10分钟，出炉、脱模。

23 将柠檬乳酪馅填入空心处。

24 在表面涂刷果胶，洒上覆盆子碎。

手 感 美 味

柠檬乳酪馅

《 材料 》

牛奶500g、香草棒1支、细砂糖100g、蛋黄120g、炼乳30g、低筋面粉40g、黄油40g、奶油奶酪600g、柠檬汁40g、柠檬皮1个

《 做法 》

① 香草棒剖开，刮取香草籽，再连同香草棒一起投入牛奶，加热煮沸。
② 另将细砂糖、蛋黄、炼乳、面粉混合拌匀。
③ 将做法①边拌边冲入到做法②中，再拌煮至沸腾。
④ 加入黄油拌匀至熔化，过筛，冷藏待冷却，再加入奶油奶酪、柠檬汁、柠檬皮屑拌匀即可。

黑爵麻薯牛角

层叠的大理石面团，包藏着香甜软弹的黑糖麻薯，
纹理分明，气味浓醇香甜。

基本工序

搅拌
· 将材料A混合，再加入材料B慢速搅拌成团，
　转中速搅拌至七分筋状态，加入黄油慢速搅
　拌，转中速搅拌至表面光滑、筋度八分。
· 搅拌完成时面温25℃。

▽

基本发酵
· 面团分割为1460g、490g；
· 将490g面团加入可可粉、水揉成可可面团；
· 滚圆，基发30分钟。

▽

冷藏松弛
· 面团压平，松弛12小时（5℃）。

▽

折叠裹入
· 面团包裹大理石巧克力片。
· 4折1次，覆盖可可外皮，冷冻松弛30分钟。

▽

分割、整形
· 延压至宽32cm厚0.5cm，冷冻松弛30分钟。
· 裁成底8cm高16cm的等腰三角形（45g）。
· 包入黑糖麻薯，整形成直型可颂。

▽

最后发酵
· 室温松弛30分（解冻回温）。
· 发酵60分钟（温度28℃，湿度75％）。
· 室温干燥5~10分钟。

▽

烘烤
· 刷蛋液，洒珍珠糖。
· 烤9分钟（210℃／170℃）。

类 型 —— 大理石类，4折1次，披覆外层黑皮

难易度 —— ★★★

▼ 面团（1988g）

A {
高筋面粉…850g
低筋面粉…150g
盐…14g
细砂糖…210g
奶粉…30g
高糖酵母…10g
}

B {
水…350g
蛋…200g
}

C – 发酵黄油…150g

D {
可可粉…12g
水…12g
}

▼ 折叠裹入

大理石巧克力片（第23页）…500g

▼ 夹层内馅

黑糖麻薯…20g（每个）

▼ 表面用

蛋液、珍珠糖

《 做法 》

混合搅拌

01　材料A先混合拌匀，再加入材料B慢速搅拌均匀成团，再转中速搅拌。

02　待搅拌至七分筋状态，加入黄油先慢速搅拌，再转中速搅拌至表面光滑、筋度八分（完成时面温约25℃）。

▽

基本发酵

03　将面团分割成1460g、490g两份，再将小份面团加入材料D揉均匀，做成可可面团。两份面团放室温下基本发酵约30分钟。

▽

冷藏松弛

04　用手拍压面团将气体排出，压平整成长方状，放置塑料袋中，冷藏（5℃）松弛约12小时。

▽

大理石巧克力片

05　参照第23页完成"大理石巧克力片"的制作，最后是擀压平整成25cm×18cm片状，冷藏。

▽

折叠裹入

06　将原色冷藏面团稍压平后，延压平整成36cm×25cm片状（配合巧克力片的尺寸，有一边相同，另一边是巧克力片的2倍长）。

07　将大理石巧克力片摆放在面团中间。

08　用擀面棍在巧克力片的两侧稍按压出凹槽。

09　将左右侧面团朝中间折叠，完全包覆住巧克力片，但面皮两端尽量不重叠，再稍捏紧密合。

10　再将上下两侧的开口捏紧密合，完全包裹住巧克力，避免其溢出。

11　转向，延压平整成厚约0.5cm的长片。用切面刀将两短边切平整。

12　将一侧3/4面团向内对折。

13　再将另一侧1/4面团向内对折。

14 再对折，成4折（完成4折1次作业）。

15 用擀面棍轻按压两侧的开口边，并将气泡擀出，让面团与巧克力片紧密贴合。

16 另将小份的可可面团擀压延展成稍大于折叠面团的片状。

17 将可可面皮覆盖在折叠面团上。

18 沿着四边稍捏紧贴合。

19 用塑料袋包覆，冷冻松弛约30分钟。

20 将面团延压平整、展开：先将宽度压成约32cm；再转向，延压平整成长度不限、厚度约0.5cm的长片。完成后，包覆塑料袋，冷冻松弛约30分钟。

分割、整形、最后发酵

21 将大理石面皮裁切成宽16cm的两等份，相互叠起。测量出底8cm高16cm的等腰三角形各顶点并标记，裁出三角形（约45g）。

22 将三角片白色面皮朝上，在底边处铺上黑糖麻薯（约20g）。

23 将底边朝内稍折，再继续卷起，成直型可颂。尾端压在下方，并稍按压。

24 将面团尾端朝下，均匀放置烤盘上。放置室温下30分钟，待解冻回温。

25 再放入发酵箱，最后发酵约60分钟（温度28℃，湿度75%）。放置室温干燥5~10分钟，表面薄刷蛋液，洒上珍珠糖。

烘烤

26 放入烤箱，以上火210℃/下火170℃烤约9分钟，出炉。

巧克力云石吐司

表层黑白相间的漩涡纹路，
是云石吐司的一大特色。
质地绵密松软，
层层堆叠的口感特别。

基本工序

搅拌
· 将材料A混合，再加入材料B慢速搅拌成团，
  转中速搅拌至七分筋状态，加入黄油慢速搅
  拌后，转中速搅拌至表面光滑、筋度八分。
· 搅拌完成时面温25℃。

▽

基本发酵
· 取面团1950g，滚圆，基发30分钟。

▽

冷藏松弛
· 面团压平，松弛12小时（5℃）。

▽

折叠裹入
· 面团包裹大理石片。
· 4折1次，折叠后冷冻松弛30分钟。
· 延压至宽25cm厚0.5cm，冷冻松弛30分钟。

▽

分割、整形
· 卷成圆筒状，冷冻松弛30分钟。
· 切段(约320g)后，再分切3截，放入吐司模。

最后发酵
· 室温松弛30分钟（解冻回温）。
· 发酵90分钟（温度28℃，湿度75%）。
· 室温干燥5~10分钟，刷蛋液。

▽

烘烤
· 烤28分钟（180℃ / 220℃）。
· 薄刷糖水。

类型——大理石类，4折1次

难易度——★★

《 材料 》

▼ **面团**（1964g）

A
高筋面粉…850g
低筋面粉…150g
盐…14g
细砂糖…210g
奶粉…30g
高糖酵母…10g

B
水…350g
蛋…200g

C - 发酵黄油…150g

▼ **折叠裹入**

大理石巧克力片…500g

▼ **表面用**

蛋液、糖水（第78页）

《 做法 》

事前准备

01 300g吐司模。

▽

混合搅拌

02 材料A先混合拌匀。

03 加入水、蛋慢速搅拌均匀成团，以中速搅拌。

04 待搅拌至七分筋状态，加入黄油先慢速搅拌。

05 再转中速搅拌至表面光滑的八分筋状态（完成时面温约25℃）。

▽

基本发酵

06 取面团1950g，放置室温下基本发酵约30分钟。

▽

冷藏松弛

07 用手拍压面团将气体排出。

08 压平整成长方状，放置塑料袋中，冷藏（5℃）松弛约12小时。

▽

大理石巧克力片

09 参照第23页完成"大理石巧克力片"的制作，以擀面棍擀压平整成25cm×18cm片状，冷藏备用。

▽

折叠裹入—大理石片

10 将原色冷藏面团稍压平后，延压平整成36cm×25cm片状（配合巧克力片的尺寸，有一边相同，另一边是巧克力片的2倍长）。

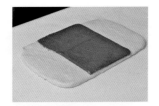

11 将大理石巧克力片摆放在面团中间。

12 用擀面棍在大理石片的两侧稍按压出凹槽。

13 将左右侧面团朝中间折叠，完全包覆住大理石片，但面皮两端尽量不重叠，再将两端相互稍捏紧密合。

14 再将上下两侧的开口捏紧密合。

15 完全包裹住大理石片，避免巧克力溢出。

16 转向，以压面机延压平整成厚约0.5cm的长片。

▽

折叠裹入

17 用切面刀将两短边切平整。将面皮右侧3/4向内对折。

18 再将左侧1/4向内对折。

19 再对折，成4折（完成4折1次作业）。

20 用擀面棍轻按压两侧的开口边，并将气泡擀出，让面团与大理石片紧密贴合。

21 用塑料袋包覆，冷冻松弛约30分钟。

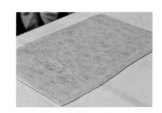

22 将面团延压平整、展开：先将面团宽度压成约25cm；再转向，延压平整成长度不限、厚度约0.5cm的长片。用塑料袋包覆，冷冻松弛约30分钟。

▽

分割、整形、最后发酵

23 将大理石面团从短边卷起。

24 预留一部分底部面团，并延展开（帮助黏合）。

25 卷成圆筒状，收合口置于底。

26 用塑料袋包覆，冷冻松弛约30分钟。

27 将面团以11cm为间隔分切成段（约320g）。

28 再将每段分切成三小段（左右两段稍短、中间段稍长）。

29 将面团切口断面朝上，平放于吐司模中，放置室温下30分钟，待解冻回温。

30 再放入发酵箱，最后发酵约90分钟（温度28℃，湿度75%）。

31 待发酵至吐司模的八分满，放置室温干燥5~10分钟，表面薄刷蛋液。

烘烤、表面装饰

32 放入烤箱，以上火180℃／下火220℃烤约28分钟，出炉，薄刷糖水即可。

Recipe.33

榛果云石巧克力

将面团裹入巧克力与榛果酱，
通过展示断面形成的纹路，层次很分明。
表层用白色珍珠糖的装点，
增添香甜与酥脆的口感。

基本工序

搅拌

· 将材料A混合，再加入材料B慢速搅拌成团，
  转中速搅拌至七分筋状态，加入黄油慢速搅
  拌，转中速搅拌至表面光滑、筋度八分。
· 搅拌完成时面温25℃。

▽

基本发酵

· 取面团1950g，滚圆，基发30分钟。

▽

冷藏松弛

· 面团压平，松弛12小时（5℃）。

▽

折叠裹入

· 面团包裹大理石片。
· 4折1次，折叠后冷冻松弛30分钟。
· 延压至宽30cm厚0.5cm，冷冻松弛30分钟。

▽

分割、整形

· 抹上内馅，洒上水滴巧克力，对折，冷冻松弛
  30分钟。

· 切段(约320g)后，弯折整形，放入吐司模。

▽

最后发酵

· 室温松弛30分钟（解冻回温）。
· 发酵90分钟（温度28℃，湿度75%）。
· 室温干燥5~10分钟。

▽

烘烤

· 刷全蛋液，洒上珍珠糖。
· 烤32分钟（180℃ / 220℃）。
· 薄刷糖水，筛洒糖粉。

（类型）——大理石类，4折1次

（难易度）——★★

164

《 材料 》

▼ **面团**（1964g）

A
- 高筋面粉…850g
- 低筋面粉…150g
- 盐…14g
- 细砂糖…210g
- 奶粉…30g
- 高糖酵母…10g

B
- 水…350g
- 蛋…200g

C – 发酵黄油…150g

▼ **折叠裹入**

大理石巧克力片（第23页）…500g

▼ **夹馅**

榛果卡士达馅（第185页）…375g
水滴巧克力…225g

▼ **表面用**

蛋液、珍珠糖、糖粉、
糖水（第78页）

《 做法 》

事前准备

01　300g吐司模。

▽

面团制作

02　参照"巧克力云石吐司"第161页做法2~8的制作方式，混合搅拌、基本发酵、冷藏松弛，完成面团的制作。

▽

大理石巧克力片

03　参照第23页完成"大理石巧克力片"的制作，最后是擀压平整成25cm×18cm片状，冷藏。

▽

折叠裹入

04　参照"巧克力云石吐司"第161页起做法10~16的折叠方式，将大理石巧克力片包裹入面团中，延压平整成厚约0.5cm的长片。

05　参照第162页做法17~21的折叠方式，完成4折1次的折叠作业。

06　将面团延压平整、展开：先将面团宽度压成约30cm；再转向，延压平整成长度不限、厚度约0.5cm。而后再将长边对半分，成两块面团，此后对每块采取同样的操作。用塑料袋包覆，冷冻松弛约30分钟。

分割、整形、最后发酵

07　将面团均匀抹上榛果卡士达馅（每块面团187.5g）。

08　在一侧面皮上均匀铺放水滴巧克力（112.5g）。

09　再对折贴合，稍按压平整。

165

10 包覆塑料袋，冷冻松弛约30分钟。

11 将一块面团等分切成4长条（每条宽约6cm，重约320g）。

12 断面朝上，连续做S曲线弯折。

13 再放入模型中，成波浪状，放置室温30分钟，待解冻回温。

14 再放入发酵箱，最后发酵约90分钟（温度28℃，湿度75%）。

15 待发酵至模具的八分满，放置室温干燥5~10分钟，表面薄刷全蛋液。

16 再洒上珍珠糖。

▽

烘烤、表面装饰

17 放入烤箱，以上火180℃／下火220℃烤约32分钟，出炉。

18 表面薄刷糖水。

19 将一侧边筛洒上糖粉装饰。

大理石杏仁花环

扭转成犹如大理石雕塑般的圆环状，
像极了美丽的花环，
表面挤上杏仁奶油馅，洒上杏仁片，
口感润泽柔软，相当美味！

类型 ── 大理石类，4折1次，披覆外层白皮
难易度 ── ★★

基本工序

搅拌
· 将材料A先混合，加入材料B慢速搅拌成团，
转中速搅拌至七分筋状态，加入黄油慢速搅
拌后，转中速搅拌至表面光滑、筋度八分。
· 搅拌完成时面温25℃。

▽

基本发酵
· 面团切分为1460g、490g，滚圆，基发30分
钟。

▽

冷藏松弛
· 面团压平，松弛12小时（5℃）。

▽

折叠裹入
· 面团包裹巧克力片。
· 4折1次，覆盖外皮，冷冻松弛30分钟。
· 延压至宽25cm厚1cm，冷冻松弛30分钟。

▽

分割、整形
· 切割成25cm×1.5cm条状，扭搓，弯成环形。

▽

最后发酵
· 室温松弛30分钟（解冻回温）。
· 发酵60分钟（温度28℃，湿度75%）。
· 室温干燥5~10分钟，装饰杏仁馅及杏仁片。

▽

烘烤
· 烤10分钟（210℃／170℃）。

▼ **面团**（1964g）

A
┌ 高筋面粉…850g
│ 低筋面粉…150g
│ 盐…14g
│ 细砂糖…210g
│ 奶粉…30g
└ 高糖酵母…10g

B
┌ 水…350g
└ 蛋…200g

C - 发酵黄油…150g

▼ **折叠裹入**

大理石巧克力片（第23页）…500g

▼ **表面用**

杏仁奶油馅（第33页）
　　　　…15g（每个）
杏仁片

《 做法 》

面团制作

01 参照"巧克力云石吐司"第161页做法2~5，将面团搅拌至八分筋状态。

02 将面团分割成1460g、490g，参照第161页做法6~8进行基本发酵、冷藏松弛。

▽

大理石巧克力片

03 参照第23页完成"大理石巧克力片"的制作，最后是擀压平整成25cm×18cm片状，冷藏。

▽

折叠裹入一巧克力片

04 将大的冷藏面团（1460g）稍压平后，延压平整成36cm×25cm片状。在面团中间摆放巧克力片。

05 用擀面棍在巧克力片的两侧稍按压出凹槽。

06 将左右侧面皮朝中间折叠，完全包裹住巧克力片，但面皮两端尽量不重叠，再将两端稍捏紧密合。

07 再将上下侧开口捏紧密合，完全包裹住巧克力片。

08 转向，延压平整成厚约0.5cm的长片。

▽

折叠裹入一4折1次

09 用切面刀将两短边切平整。将一侧3/4面团向内对折。

10 再将另一侧1/4面团向内对折。

11 再对折，成4折（完成4折1次作业）。

12 用擀面棍轻按压两侧的开口边，并将气泡擀出，让面团与巧克力片紧密贴合。

13 另将外皮面团（490g）擀压延展成稍大于折叠面团的片状。

提示

外皮面团的重量约为面团总重量的1/4。

14 将擀好的外皮面团覆盖在折叠面团上。

15 沿着四边稍加捏紧贴合。用塑料袋包覆，冷冻松弛30分钟。

16 将面团延压平整、展开：先将宽度压成约25cm；再转向，延压成长度不限、厚度约1cm的长片。用塑料袋包覆，冷冻松弛30分钟。

分割、整形、最后发酵

17 标记出25cm×1.5cm的长方形各顶点。

18 裁切成长方条形（75g）。

19 将长方条两端反向搓动，形成扭转纹。

20 两端接合，接合处卷紧、揉整均匀。

21 成型。

22 放置室温30分钟，待解冻回温。再放入发酵箱，最后发酵约60分钟（温度28℃，湿度75%），再放置室温干燥5~10分钟。

23 在两端接缝处挤上杏仁馅。

24 洒杏仁片装饰。

烘烤

25 放入烤箱，以上火210℃/下火170℃烤约10分钟，出炉。

Recipe. 35

莓果艾克蕾亚

大理石面团包覆草莓馅，整形成纤细指形泡芙，
表层披覆巧克力，
再用覆盆子点缀，口感与滋味特别。

类型 —— 大理石类，4折1次，披覆外层白皮

难易度 —— ★★★

基本工序

搅拌
· 将材料A先混合，加入材料B慢速搅拌成团，
  转中速搅拌至七分筋状态，加入黄油慢速搅
  拌后，转中速搅拌至表面光滑、筋度八分。
· 搅拌完成时面温25℃。

▽

基本发酵
· 面团分成1460、490g，滚圆，基发30分钟。

▽

冷藏松弛
· 面团压平，松弛12小时（5℃）。

▽

折叠裹入
· 面团包裹巧克力片。
· 4折1次，覆盖外皮，冷冻松弛30分钟。
· 延压至宽24cm厚0.5cm，冷冻松弛30分钟。

▽

分割、整形
· 裁成12cm×6cm片状，两长边压薄，中间挤
  草莓馅，卷长条。

▽

最后发酵
· 室温松弛30分钟（解冻回温）。
· 发酵60分钟（温度28℃，湿度75%）。
· 室温干燥5~10分钟，刷蛋液，撒杏仁角。

▽

烘烤
· 烤10分钟（220℃ / 180℃）。
· 沾巧克力，撒覆盆子碎。

《 材料 》

▼ **面团**（1964g）

A
- 高筋面粉···850g
- 低筋面粉···150g
- 盐···14g
- 细砂糖···210g
- 奶粉···30g
- 高糖酵母···10g

B
- 水···350g
- 蛋···200g

C - 发酵黄油···150g

▼ **折叠裹入**

大理石巧克力片（第23页）···500g

▼ **夹层内馅**

草莓馅

▼ **完成用**

全蛋液、杏仁角
苦甜巧克力、覆盆子碎

《 做法 》

面团制作

01 参照"巧克力云石吐司"第161页做法2~5，将面团搅拌至八分筋状态。

02 将面团分割成1460g、490g，参照第161页做法6~8进行基本发酵、冷藏松弛。

▽

大理石巧克力片

03 参照第23页完成"大理石巧克力片"的制作，最后是擀压平整成25cm×18cm片状，冷藏。

▽

折叠裹入

04 参照"大理石杏仁花环"第168页做法4~8，将大理石巧克力片包裹入大面团（1460g）中，延压成厚约0.5cm的长片。

05 参照第168页起做法9~12，完成4折1次的折叠作业。

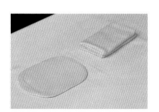

06 另将外皮面团（490g）擀压延展成稍大于折叠面团的片状。

提示

外皮面团的重量约为面团总重量的1/4。

07 将外皮面团覆盖在折叠面团上，沿着四边稍加捏紧贴合，包覆塑料袋，冷冻松弛30分钟。

08 将面团延压平整、展开：先将宽度压成约24cm；再转向，延压平整成长度不限、厚度约0.5cm的长片。用塑料袋包覆，冷冻松弛约30分钟。

▽

分割、整形、最后发酵

09 将面团裁成12cm宽的长片2片，两片叠合后，再沿长边每6cm下刀切出长方形（45g）。

10 用擀面棍将长方形两侧长边轻按压薄。

11 在面皮中间放入草莓馅（15g）。

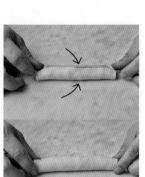

12 将面皮两侧包卷起来，成圆柱形。收口置底。

13 放置室温下30分钟，待解冻回温。

14 放入发酵箱，最后发酵约60分钟（温度28℃，湿度75%），放置室温干燥约5~10分钟。

15 在表面刷上全蛋液。

16 撒上杏仁角。

烘烤、表面装饰

17 放入烤箱，以上火220℃ / 下火180℃烤约10分钟，出炉。

18 将巧克力隔水熔化。

19 将面包表面沾裹巧克力。

20 趁巧克力尚未凝固，用覆盆子碎点缀即可。

手感美味

草莓馅

《 材料 》

草莓干250g、草莓果泥50g、细砂糖25g、水50g

《 做法 》

① 草莓干切成小块。
② 将果泥、砂糖、水拌煮至溶化、沸腾，加入草莓干拌煮至浓稠状。

皇家维也纳

柔软香甜的面包体，夹着香甜化口的乳酪馅，
面包外表切划的纹路，展现内里的堆叠层次，
真是美妙的滋味。

类型 —— 大理石类，4折1次，披覆外层黑皮

难易度 —— ★★★

基本工序

搅拌

· 将材料A先混合，加入材料B慢速搅拌成团，
 转中速搅拌至七分筋状态，加入黄油慢速搅
 拌后，转中速搅拌至表面光滑、筋度八分。

· 搅拌完成时面温25℃。

▽

基本发酵

· 面团分割为1460g、490g。将490g面团加入
 可可粉、水揉成可可面团。

· 滚圆，基发30分。

冷藏松弛

· 面团压平，松弛12小时（5℃）。

▽

折叠裹入

· 面团包裹大理石片。

· 4折1次，覆盖可颂外皮，冷冻松弛30分钟。

· 延压至宽24cm厚0.5cm，冷冻松弛30分钟。

▽

分割、整形

· 切成12cm×6cm长方片，卷成圆柱形，表面
 切划4~5道切痕。

▽

最后发酵

· 室温松弛30分钟（解冻回温）。

· 发酵60分钟（温度28℃，湿度75%），室温
 干燥5~10分钟。

▽

烘烤

· 烤10分钟（220℃/170℃）。

· 涂刷糖水，横剖切开，挤上桔香乳酪馅。

《 材料 》

▼ **面团**（1988g）

A
- 高筋面粉…850g
- 低筋面粉…150g
- 盐…14g
- 细砂糖…210g
- 奶粉…30g
- 高糖酵母…10g

B
- 水…350g
- 蛋…200g

C - 发酵黄油…150g

D
- 可可粉12g
- 水12g

▼ **折叠裹入**

大理石巧克力片（第23页）…500g

▼ **夹层内馅**

桔香乳酪馅

▼ **表面用**

糖水（第78页）

《 做法 》

混合搅拌

01 材料A先混合拌匀，再加入材料B慢速搅拌均匀成团，再转中速搅拌。

02 待搅拌至七分筋状态，加入黄油先慢速搅拌，再转中速搅拌至表面光滑、筋度八分（完成时面温约25℃）。

▽

基本发酵

03 将面团分割成1460g、490g两份，再将小份面团加入材料D揉均匀，做成可可面团。两份面团放室温下基本发酵约30分钟。

▽

冷藏松弛

04 用手拍压面团将气体排出，压平整成长方状，放置塑料袋中，冷藏（5℃）松弛约12小时。

▽

大理石巧克力片

05 参照第23页完成"大理石巧克力片"的制作，最后是擀压平整成25cm×18cm片状，冷藏。

▽

折叠裹入

06 参照"黑爵麻薯牛角"第158页做法6~11，将大理石巧克力片包裹入原色面团中，延压平整成厚约0.5cm的长片。

07 参照第158页起做法12~15的折叠方式，完成4折1次的折叠作业。

08 另将可可面团擀压延展成稍大于折叠面团的片状。

09 将可可外皮覆盖在折叠面团上。

10 沿着四边稍加捏紧贴合。

11 用塑料袋包覆，冷冻松弛约30分钟。

12 将面团延压平整、展开：先将面团宽度压成约24cm；再转向，延压平整成长度不限、厚度约0.5cm的长片。包覆塑料袋，冷冻松弛约30分钟。

分割、整形、最后发酵

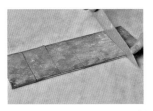

13　将面团分割成12cm宽的两等份，重叠起来，一起裁切出12cm×6cm的长方片。

14　将长方片一条长边稍按压薄（帮助黏合）。

15　从前端往下卷起，成圆柱形，收口置于底。

16　用切割刀在表面划4~5刀。

17　放置室温30分钟，待解冻回温。

18　放入发酵箱，最后发酵约60分钟（温度28℃，湿度75%），再放室温下干燥5~10分钟。

▽

烘烤、表面装饰、挤馅

19　放入烤箱，以上火220℃/下火170℃烤约10分钟，出炉。

20　表面薄刷糖水。

21　横剖面包，挤上桔香乳酪馅（约45g）即可。

手感美味

桔香乳酪馅

《 材料 》

牛奶500g、香草荚1支、细砂糖100g、蛋黄120g、炼乳30g、低筋面粉40g、黄油40g、奶油奶酪600g、柠檬汁40g、橘皮丝150g

《 做法 》

① 香草荚剖开刮取香草籽，籽与壳都投入牛奶，加热煮沸。

② 另将细砂糖、蛋黄、炼乳混合拌匀，再边拌边冲入做法①，拌煮至沸腾。

③ 加入黄油拌匀至熔化，过筛，冷藏待冷却，加入奶油奶酪、柠檬汁、橘皮丝拌匀即可。

夏朵芒果黛莉斯

面团层里有芒果的酸香与巧克力的香甜，绝美的平衡口感。
表层挤上杏仁奶油，不论口感或视觉，都独具魅力。

基本工序

搅拌
· 将材料A先混合，加入材料B慢速搅拌成团，
  转中速搅拌至七分筋状态，加入黄油慢速搅
  拌后，转中速搅拌至表面光滑、筋度八分。
· 搅拌完成时面温25℃。

▽

基本发酵
· 取面团1460g、490g，滚圆，基发30分钟。

▽

冷藏松弛
· 面团压平，松弛12小时（5℃）。

▽

折叠裹入
· 面团包裹巧克力片。
· 4折1次，覆盖原色外皮，冷冻松弛30分钟。
· 延压至宽30cm厚1cm，冷冻松弛30分钟。

▽

分割、整形
· 大理石面团切成1cm丁状。
· 拌匀夹层馅料与丁状面团，放入模型
  （约100g）。

▽

最后发酵
· 室温松弛30分钟（解冻回温）。
· 发酵60分钟（温度28℃，湿度75%）。
· 室温干燥5~10分钟，挤上杏仁奶油馅。

▽

烘烤
· 压盖烤盘，烤12分钟（180℃／220℃）。
· 两侧分别筛洒糖粉、可可粉。

类型 ——大理石类，4折1次，披覆外层白皮

难易度 —— ★★★

《 材料 》

▼ **面团**（1980g）

A
- 高筋面粉…850g
- 低筋面粉…150g
- 盐…14g
- 细砂糖…210g
- 奶粉…30g
- 高糖酵母…10g

B
- 水…350g
- 蛋…200g

C – 发酵黄油…150g

▼ **折叠裹入**

大理石巧克力片（第23页）…500g

▼ **夹层内馅**

浸渍芒果干…375g
水滴巧克力…375g
蜂蜜…100g

▼ **表面用**

杏仁奶油馅（第33页）
糖粉、翻糖花

《 做法 》

事前准备

01　长条模。

▽

面团制作

02　参照"巧克力云石吐司"第
　　161页做法2~5，将面团搅拌至
　　八分筋状态。

03　将面团分割成1460g、490g，
　　参照第161页做法6~8进行基
　　本发酵、冷藏松弛。

▽

大理石巧克力片

04　参照第23页完成"大理石巧
　　克力片"的制作，最后是擀
　　压平整成25cm×18cm片状，
　　冷藏。

▽

折叠裹入

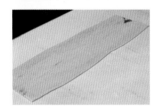

05　参照"大理石杏仁花环"
　　第168页做法4~8，将大理
　　石巧克力片包裹入大面团
　　（1460g）中，延压成厚约
　　0.5cm的长片。

06　参照第168页起做法9~12，完
　　成4折1次的折叠作业。

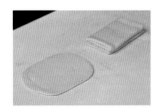

07　另将外皮面团（490g）擀压
　　延展成稍大于折叠面团的片
　　状。

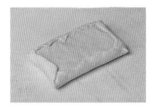

08　将外皮面团覆盖在折叠面团
　　上，沿着四边稍加捏紧贴合，
　　包覆塑料袋，冷冻松弛30分
　　钟。

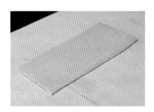

09　将面团延压平整、展开：先将
　　面团宽度压成约30cm；再转
　　向，延压平整成长度不限、厚
　　度约1cm的长片。用塑料袋包
　　覆，冷冻松弛约30分钟。

▽

分割、整形、最后发酵

10　将面团裁切成宽1cm细长条
　　状，再切成1cm边长的小丁。

11　将夹层内馅材料拌匀。

12　加入切丁大理石面团，拌匀。

17　压盖上烤盘。

▽

13　装入长条模（每条约100g），放置室温30分钟，待解冻回温。

烘烤、表面装饰

14　再放入发酵箱，最后发酵约60分钟（温度28℃，湿度75%）。

18　放入烤箱，以上火180℃／下火220℃烤约12分钟，出炉。

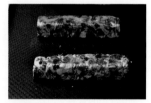

19　脱模。

15　待发酵至模具的八分满，放置室温干燥5~10分钟，表面挤上杏仁奶油馅。

20　冷却后，将烘烤时的上面朝下（让平整面朝上），再在表面筛洒上糖粉，一侧斜角筛洒上可可粉，放上翻糖花点缀。

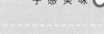

手感美味

浸渍芒果干

《 **材料** 》
芒果干430g、芒果泥70g

《 **做法** 》
将芒果泥煮至融化，加入芒果干混合拌匀即可。

16　表面铺放上烤焙纸。

欧夏蕾覆盆子巧克力

巧克力的苦甜，果干的微酸甜，与大理石风味极为相衬；
以西式点心别具特色的手法营造，更添细致华丽的印象。

基本工序

搅拌

· 将材料A先混合，加入材料B慢速搅拌成团，
  转中速搅拌至七分筋状态，加入黄油慢速搅
  拌后，转中速搅拌至表面光滑、筋度八分。

· 搅拌完成时面温25℃。

▽

基本发酵

· 取面团1460g、490g，滚圆，基发30分钟。

▽

冷藏松弛

· 面团压平，松弛12小时（5℃）。

▽

折叠裹入

· 面团包裹大理石片。

· 4折1次，覆盖原色外皮，冷冻松弛30分钟。

· 延压至宽30cm厚0.5cm，冷冻松弛30分钟。

▽

分割、整形

· 裁长片，铺放蔓越莓干，水滴巧克力，卷成
  圆筒状，冷冻松弛30分钟。

· 切段(50g)后，放入圆形模框。

▽

最后发酵

· 室温松弛30分钟（解冻回温）。

· 发酵60分钟（温度28℃，湿度75%）。

· 室温干燥5~10分钟。

▽

烘烤

· 压盖烤盘，烤8分钟（210℃ / 170℃）。

· 刷果胶，沾椰子粉，挤上果酱。

类 型 —— 大理石类，4折1次，外层披覆白皮

难易度 —— ★★★

▼ **面团**（1964g）

A
- 高筋面粉…850g
- 低筋面粉…150g
- 盐…14g
- 细砂糖…210g
- 奶粉…30g
- 高糖酵母…10g

B
- 水…350g
- 蛋…200g

C – 发酵黄油…150g

▼ **折叠裹入**

大理石巧克力片（第23页）…500g

▼ **夹层内馅**

水滴巧克力…375g
蔓越莓干…375g

▼ **完成用**

果胶、椰子粉
覆盆子酱（第34页）、薄荷叶

《 做法 》

事前准备

01　6英寸（直径约15cm）圆形模框。

▽

面团制作

02　参照"巧克力云石吐司"第161页做法2~5，将面团搅拌至八分筋状态。

03　将面团分割成1460g、490g，参照第161页做法6~8进行基本发酵、冷藏松弛。

▽

大理石巧克力片

04　参照第23页完成"大理石巧克力片"的制作，最后是擀压平整成25cm×18cm片状，冷藏。

▽

折叠裹入

05　参照"大理石杏仁花环"第168页做法4~8，将大理石巧克力片包裹入大面团（1460g）中，延压成厚约0.5cm的长片。

06　参照第168页起做法9~12，完成4折1次的折叠作业。

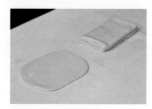

07　另将外皮面团（490g）擀压延展成稍大于折叠面团的片状。

08　将擀好的外皮面团覆盖在折叠面团上，沿着四边稍加捏紧贴合，包覆塑料袋，冷冻松弛30分钟。

09　将面团延压平整、展开：先将宽度压成约30cm；再转向，延压成长度不限、厚度约0.5cm的长片。用塑料袋包覆，冷冻松弛约30分钟。

▽

分割、整形、最后发酵

10　将面团上下切割平整。

11　在表面铺满蔓越莓干。

12 再铺上水滴巧克力。

13 用擀面棍轻按压擀平。

14 再从长侧边往下卷起。

15 卷成圆柱状，收口置于底，包覆塑料袋，冷冻松弛约30分钟。

16 将面团分切成小段（约50g）。

17 分别放入圆形模框中，放置室温30分钟，待解冻回温。

18 再放入发酵箱，最后发酵约60分钟（温度28℃，湿度75%）。

19 待发酵至模具的八分满，再放置室温干燥约5~10分钟，铺放烤焙纸，再压盖烤盘。

烘烤、表面装饰

20 放入烤箱，以上火210℃／下火170℃烤约8分钟，出炉、脱模。

21 在顶部外围以0.5cm宽度刷上一圈果胶。

22 沾上椰子粉。

23 中间挤上覆盆子酱，用薄荷叶点缀即可。

Recipe.39

焦糖榛果罗浮

将大理石面团整形成三角状，外观十分独特，
再以香气浓郁的榛果卡士达馅作为夹层和涂层，
不论造型或口感都相当特别。

基本工序

搅拌

·将材料A先混合，加入材料B慢速搅拌成团，
　转中速搅拌至七分筋状态，加入黄油慢速搅
　拌后，转中速搅拌至表面光滑、筋度八分。
·搅拌完成时面温25℃。

▽

基本发酵

·面团分割为1460g、490g。将490g面团加入
　可可粉、水揉成可可面团。
·滚圆，基发30分钟。

▽

冷藏松弛

·面团压平，松弛12小时（5℃）。

▽

折叠裹入

·面团包裹大理石片。
·4折1次，覆盖可可外皮，冷冻松弛30分钟。
·延压至宽24cm厚0.5cm，冷冻松弛30分钟。

▽

分割、整形

·切成高8cm菱形片，表面平行划5刀。

最后发酵

·室温松弛30分钟（解冻回温）。
·发酵60分钟（温度28℃，湿度75%），室温
　干燥5~10分钟。

▽

烘烤

·烤10分钟（220℃ / 180℃）。
·对切，抹馅，叠合成三角。
·两侧边涂馅，沾裹脆片，点缀金箔。

类型 —— 大理石类，4折1次，披覆外层黑皮

难易度 —— ★★★

《 材料 》

▼ 面团（1988g）

A
- 高筋面粉…850g
- 低筋面粉…150g
- 盐…14g
- 细砂糖…210g
- 奶粉…30g
- 高糖酵母…10g

B
- 水…350g
- 蛋…200g

C - 发酵黄油…150g

D
- 可可粉…12g
- 水…12g

▼ 折叠裹入

大理石巧克力片（第23页）…500g

▼ 夹层内馅

榛果卡士达馅

▼ 表面用

可可百利脆片、金箔

《 做法 》

混合搅拌

01　材料A先混合拌匀，再加入材料B慢速搅拌均匀成团，再转中速搅拌。

02　待搅拌至七分筋状态，加入黄油先慢速搅拌，再转中速搅拌至表面光滑、筋度八分（完成时面温约25℃）。

▽

基本发酵

03　将面团分割成1460g、490g两份，再将小份面团加入材料D揉均匀，做成可可面团。两份面团放室温下基本发酵约30分钟。

▽

冷藏松弛

04　用手拍压面团将气体排出，压平整成长方状，放置塑料袋中，冷藏（5℃）松弛约12小时。

▽

大理石巧克力片

05　参照第23页完成"大理石巧克力片"的制作，最后是擀压平整成25cm×18cm片状，冷藏。

▽

折叠裹入

06　参照"黑爵麻薯牛角"第158页做法6~11，将大理石巧克力片包裹入原色面团中，延压平整成厚约0.5cm的长片。

07　参照第158页起做法12~15的折叠方式，完成4折1次的折叠作业。

08　另将可可面团擀压延展成稍大于折叠面团的片状。

09　将可可外皮覆盖在折叠面团上。

10　沿着四边稍加捏紧贴合。

11　用塑料袋包覆，冷冻松弛约30分钟。

12　将面团延压平整、展开：先将面团宽度压成约24cm；再转向，延压平整成长度不限、厚度约0.5cm的长片。包覆塑料袋，冷冻松弛约30分钟。

13　将面团分割成宽8cm的长条，再裁切成菱形（各边长度相等的四边形即为菱形）。

14　用小刀在表面划上5刀，放置室温30分钟，待解冻回温。

15　再放入发酵箱，最后发酵约60分钟（温度28℃，湿度75%），再放置室温干燥5~10分钟。

烘烤、表面装饰

16　放入烤箱，以上火220℃／下火180℃烤约10分钟，出炉。

17　对切成两片三角片。

18　抹上一层榛果卡士达馅。

19　再叠合成三角片。

20　将外围两侧边再抹上榛果卡士达馅。

21　再沾裹上可可百利脆片，用金箔装饰。

22　完成。

手 感 美 味

榛果卡士达馅

《 材料 》

牛奶500g、香草荚 1支、细砂糖100g、蛋黄120g、炼乳30g、低筋面粉40g、黄油40g、榛果酱150g

《 做法 》

① 香草荚横剖开，刮取香草籽，籽与壳都投入牛奶中，加热煮沸。

② 另将细砂糖、蛋黄、炼乳、低筋面粉搅拌混匀。

③ 待做法①煮沸，再冲入到做法②中拌匀，边拌边煮至沸腾，离火。

④ 再加入黄油拌匀至熔化，过筛，冷藏待冷却，加入榛果酱拌匀即可。

莓粒果圆舞曲

在大理石面团上按压出凹槽，填入香草卡士达馅，
烤后再挤上内馅，在外部层层堆叠上色泽艳丽的莓果，
造就有别于一般面包的精致风味。

类型 —— 大理石类，4折1次，披覆外层黑皮

难易度 —— ★★★

基本工序

搅拌

· 将材料A先混合，加入材料B慢速搅拌成团，转中
速搅拌至七分筋，加入黄油慢速搅拌后，转中速
搅拌至表面光滑、筋度八分。

· 搅拌完成时面温25℃。

基本发酵

· 面团分割为1460g、490g。

· 将490g面团加入可可粉、水揉成可可面团，滚
圆，基发30分钟。

冷藏松弛

· 面团压平，松弛12小时（5℃）。

折叠裹入

· 面团包裹大理石片。

· 4折1次，包裹可可外皮，冷冻松弛30分钟。

· 延压至宽25cm厚0.5cm，冷冻松弛30分钟。

分割、整形

· 压切圆形片。

最后发酵

· 室温松弛30分钟（解冻回温）。

· 发酵60分钟（温度28℃，湿度75%），室温干燥
5~10分钟。

· 压出圆槽，挤上卡士达馅。

烘烤

· 烤8分钟（210℃ / 170℃）。

· 筛糖粉，挤上卡士达馅，摆放莓果，点缀果胶。

《 材料 》

▼ **面团**（1988g）

A
- 高筋面粉…850g
- 低筋面粉…150g
- 盐…14g
- 细砂糖…210g
- 奶粉…30g
- 高糖酵母…10g

B
- 水…350g
- 蛋…200g

C - 发酵黄油…150g

D
- 可可粉…12g
- 水…12g

▼ **折叠裹入**

大理石巧克力片（第23页）…500g

▼ **完成用**

香草卡士达馅（第32页）
蓝莓粒、覆盆子、果胶

《 做法 》

事前准备

01 直径6.5cm圆形模框。

混合搅拌

02 材料A先混合拌匀，再加入材料B慢速搅拌均匀成团，再转中速搅拌。

03 待搅拌至七分筋状态，加入黄油先慢速搅拌，再转中速搅拌至表面光滑、筋度八分（完成时面温约25℃）。

▽

基本发酵

04 将面团分割成1460g、490g两份，再将小份面团加入材料D揉均匀，做成可可面团。两份面团放室温下基本发酵约30分钟。

▽

冷藏松弛

05 用手拍压面团将气体排出，压平整成长方状，放置塑料袋中，冷藏（5℃）松弛约12小时。

▽

大理石巧克力片

06 参照第23页完成"大理石巧克力片"的制作，最后是擀压平整成25cm×18cm片状，冷藏。

▽

折叠裹入

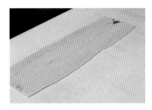

07 参照"黑爵麻薯牛角"第158页做法6~11，将大理石巧克力片包裹入大份的原色面团中，延压平整成厚约0.5cm的长片状。

08 参照第158页起做法12~15，完成面团4折1次的折叠作业。

09 另将可可面团擀压延展成稍大于折叠面团的片状。

10 再将可可外皮覆盖在折叠面团上。

11 沿着四边稍加捏紧贴合。

12 用塑料袋包覆，冷冻松弛约30分钟。

13 将面团延压平整、展开：先将宽度压成约25cm；再转向，延压平整成长度不限、厚度约0.5cm的长片。完成后，包覆塑料袋，冷冻松弛约30分钟。

△

△

14 用圆形模在面团上压切出圆片。

18 放入烤箱，以上火210℃ / 下火170℃烤约8分钟，出炉。

23 用果胶点亮。

15 放置室温30分钟，待解冻回温。再放入发酵箱，最后发酵约60分钟（温度28℃，湿度75%），放置室温干燥约5~10分钟。

19 在表面外围筛洒上糖粉。

20 圆心处挤上香草卡士达馅。

16 手指上沾少许水，在中心处按压出圆形凹槽。

21 贴着内馅外围排放一层覆盆子，再摆放一层蓝莓。

17 在凹槽中挤入香草卡士达馅。

22 顶部放上覆盆子。

蓝莓乳酪巧克力

双色面团表面切划刻纹，刷上糖水凸显出亮泽感，
内里的蓝莓与奶油奶酪形成恰到好处的香甜滋味，
极具奢华的质感。

基本工序

搅拌
· 将材料A先混合，加入材料B慢速搅拌成团，转中
速搅拌至七分筋状态，加入黄油慢速搅拌后，转
中速搅拌至表面光滑、筋度八分。
· 搅拌完成时面温25℃。

▽

基本发酵
· 面团分割为1460g、490g。
· 将490g面团加入可可粉、水揉成可可面团。
· 滚圆，基发30分钟。

▽

冷藏松弛
· 面团压平，松弛12小时（5℃）。

▽

折叠裹入
· 面团包裹大理石片。
· 4折1次，包覆可可外皮，冷冻松弛30分钟。
· 延压至宽28cm厚1cm，冷冻松弛30分钟。

▽

分割、整形
· 切成14cm×8cm长片。
· 中间抹上内馅，上下对折，翻面后表面划纹。

▽

最后发酵
· 室温松弛30分钟（解冻回温）。
· 发酵60分钟（温度28℃，湿度75%），室温干燥
5~10分钟。

▽

烘烤
· 烤12分钟（220℃/180℃）。
· 涂刷糖水，淋上柠檬糖霜，洒上开心果碎。

类型——大理石类，4折1次，披覆外层黑皮

难易度——★★★

▼ **面团**（1988g）

A
- 高筋面粉…850g
- 低筋面粉…150g
- 盐…14g
- 细砂糖…210g
- 奶粉…30g
- 高糖酵母…10g

B
- 水…350g
- 蛋…200g

C - 发酵黄油…150g

D
- 可可粉…12g
- 水…12g

▼ **折叠裹入**

大理石巧克力片（第23页）…500g

▼ **夹层内馅 - 蓝莓乳酪馅**

奶油奶酪…700g
冷冻蓝莓粒…100g
蔓越莓干…100g

▼ **表面用**

糖水、柠檬糖霜（第55页）
开心果碎

《 做法 》

蓝莓乳酪馅

01 将奶油奶酪搅拌至软化，加入其他材料混合拌匀。

混合搅拌

02 材料A先混合拌匀，再加入材料B慢速搅拌均匀成团，再转中速搅拌。

03 待搅拌至七分筋状态，加入黄油先慢速搅拌，再转中速搅拌至表面光滑、筋度八分（完成时面温约25℃）。

基本发酵

04 将面团分割成1460g、490g两份，再将小份面团加入材料D揉均匀，做成可可面团。两份面团放室温下基本发酵约30分钟。

冷藏松弛

05 用手拍压面团将气体排出，压平整成长方状，放置塑料袋中，冷藏（5℃）松弛约12小时。

大理石巧克力片

06 参照第23页完成"大理石巧克力片"的制作，最后是擀压平整成25cm×18cm片状，冷藏。

折叠裹入

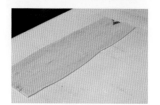

07 参照"黑爵麻薯牛角"第158页做法6~11，将大理石巧克力片包裹入大份的原色面团中，延压平整成厚约0.5cm的长片状。

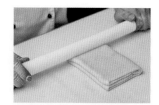

08 参照第158页起做法12~15，完成面团4折1次的折叠作业。

09 另将可可面团擀压延展成稍大于折叠面团的片状。

10 再将可可外皮覆盖在折叠面团上。

11 沿着四边稍加捏紧贴合。

12 用塑料袋包覆，冷冻松弛约30分钟。

13 将面团延压平整、展开：先将宽度压成约28cm；再转向，延压平整成长度不限、厚度约1cm的长片。完成后，包覆塑料袋，冷冻松弛约30分钟。

▽

分割、整形、最后发酵

14 将面团裁切成14cm×8cm的长方形。

15 在裁好的面团中间抹上蓝莓乳酪馅（20g）。

16 再分别将面团上下两端往中间折叠。

17 上端面团稍覆盖重叠下端面团。

18 翻面，收口朝下。

19 用刀在表面等间距斜划。

20 放置室温30分钟，待解冻回温。

21 再放入发酵箱，最后发酵约60分钟（温度28℃，湿度75%），放置室温干燥5~10分钟。

▽

烘烤、表面装饰

22 放入烤箱，以上火220℃／下火180℃烤约12分钟，出炉，刷上糖水。

23 在一侧1/3表面淋上柠檬糖霜，放上开心果碎点缀。

Recipe.42

金莎巧克力华尔兹

在温润香甜的面团上，覆盖巧克力饼干屑，挤上墨西哥可可面糊，
表面的独特层次与香甜酥脆的口感，为其最迷人的魅力所在。

(类 型)—— 大理石类，4折1次，披覆外层白皮

(难易度)—— ★★

基本工序

搅拌

· 将材料A先混合，加入材料B慢速搅拌成团，
  转中速搅拌至七分筋状态，加入黄油慢速搅
  拌后，转中速搅拌至表面光滑、筋度八分。

· 搅拌完成时面温25℃。

▽

基本发酵

· 取面团1460g、490g，滚圆，基发30分钟。

▽

冷藏松弛

· 面团压平，松弛12小时（5℃）。

▽

折叠裹入

· 面团包裹巧克力片。

· 4折1次，覆盖原色外皮，冷冻松弛30分钟。

延压至宽25cm厚0.5cm。

分割、整形

· 卷成圆筒状，冷冻松弛30分钟。

· 切1.5cm小段，切面朝上靠放烤盘边。

▽

最后发酵

· 室温松弛30分钟（解冻回温）。

· 发酵60分钟（温度28℃，湿度75%），室温
  干燥5~10分钟。

· 刷全蛋液，沾巧克力饼干屑，挤上墨西哥可
  可面糊。

▽

烘烤

· 烤10分钟（210℃ / 170℃）。

· 筛洒糖粉。

―――――《 材料 》―――――

▼ **面团**（1964g）

A
 ┌ 高筋面粉…850g
 │ 低筋面粉…150g
 │ 盐…14g
 │ 细砂糖…210g
 │ 奶粉…30g
 └ 高糖酵母…10g

B
 ┌ 水…350g
 └ 蛋…200g

C – 发酵黄油…150g

▼ **折叠裹入**

大理石巧克力片（第23页）…500g

▼ **表面用**

墨西哥巧克力面糊

A
 ┌ 发酵黄油…200g
 │ 糖粉…200g
 │ 蛋…170g
 │ 低筋面粉…180g
 └ 可可粉…20g

巧克力饼干体

B
 ┌ 发酵黄油…160g
 │ 杏仁粉…80g
 │ 糖粉…80g
 │ 蛋黄…75g
 │ 低筋面粉…185g
 │ 可可粉…42g
 └ 泡打粉…6g

―――――《 做法 》―――――

表面用

01 墨西哥可可面糊：将黄油、糖粉先搅拌均匀，分次加入蛋液拌至融合，加入可可粉、低筋面粉混合拌匀即可。

02 巧克力饼干体：将黄油、糖粉搅拌松发，加入杏仁粉拌匀，分次加入蛋黄搅拌融合，加入过筛的可可粉、低筋面粉、泡打粉混合搅拌均匀成团，用上下火150℃烤约14分钟。

▽

面团制作

03 参照"巧克力云石吐司"第161页做法2~5，将面团搅拌至八分筋状态。

04 将面团分割成1460g、490g，参照第161页做法6~8进行基本发酵、冷藏松弛。

▽

大理石巧克力片

05 参照第23页完成"大理石巧克力片"的制作，最后是擀压平整成25cm×18cm片状，冷藏。

▽

折叠裹入

06 参照"大理石杏仁花环"第168页做法4~8，将大理石巧克力片包裹入大面团（1460g）中，延压平整成厚约0.5cm的长片。

07 参照第168页起做法9~12，完成4折1次的折叠作业。

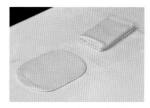

08 另将外皮面团（490g）擀压延展成稍大于折叠面团的片状。

::

提示

外皮面团的重量约为面团总重量的1/4。

::

09 将擀好的外皮面团覆盖在折叠面团上，沿着四边稍加捏紧贴合，包覆塑料袋，冷冻松弛30分钟。

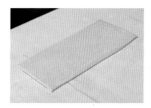

10 将面团延压平整、展开：先将宽度压成约25cm；再转向，延压成长度不限、厚度约0.5cm的长片。

分割、整形、最后发酵

11　将总面团在长边上分切4段；对每一段，从原来的短边卷起。

12　尾端稍按薄，帮助黏合，而后卷完面团，冷冻松弛30分钟。

13　将面团分切成1.5cm长的小段（约40g）。

14　切面朝上，收口靠着烤盘边，放置室温下30分钟，待解冻回温。

提示

将面团靠在烤盘边放置的目的，是避免面团在发酵后，接合口分离而破坏外形。

15　再放入发酵箱，最后发酵约60分钟（温度28℃，湿度75%），放置室温干燥5~10分钟。

16　在表面涂刷全蛋液。

17　裹上巧克力饼干屑。

18　再挤上墨西哥可可面糊。

▽

烘烤、表面装饰

19　放入烤箱，以上火210℃／下火170℃烤约10分钟，出炉，冷却后筛洒糖粉。

咕格洛夫大理石

将断面呈双色的大理石面团交织编结成立体状，
面包的斜面就产生了独特的波浪花纹，
味道混着浓浓可可香气，相当迷人。

基本工序

搅拌
· 将材料A先混合，加入材料B慢速搅拌成团，转中
速搅拌至七分筋状态，加入黄油慢速搅拌后，转
中速搅拌至表面光滑、筋度八分。
· 搅拌完成时面温25℃。

▽

基本发酵
· 面团分割为1460g、490g，滚圆，基发30分钟。

▽

冷藏松弛
· 面团压平，松弛12小时（5℃）。

▽

折叠裹入
· 面团包裹巧克力片。
· 4折1次，覆盖原色外皮，冷冻松弛30分钟。
· 延压至宽30cm厚0.7cm，冷冻松弛30分钟。

▽

分割、整形
· 每6cm切段（220g）后，每段中央切开而不切断，
编结，卷成球状，放入模型。

▽

最后发酵
· 室温松弛30分钟（解冻回温）。
· 发酵90分钟（温度28℃，湿度75%），室温干燥
5~10分钟。

▽

烘烤
· 压盖烤盘，烤22分钟（180℃ / 220℃）。
· 涂果胶，沾杏仁粒，筛糖粉，中央点缀果酱等。

类 型 ——大理石类，4折1次，披覆外层黑皮

难易度 —— ★★

《 材料 》

▼ **面团**（1964g）

A
- 高筋面粉…850g
- 低筋面粉…150g
- 盐…14g
- 细砂糖…210g
- 奶粉…30g
- 高糖酵母…10g

B
- 水…350g
- 蛋…200g

C - 发酵黄油…150g

▼ **折叠裹入**

大理石巧克力片（第23页）…500g

▼ **表面用**

覆盆子果酱（第34页）
开心果碎、果胶、糖粉
杏仁粒

《 做法 》

事前准备

01 花形模型。

▽

面团制作

02 参照"巧克力云石吐司"第161页做法2~5，将面团搅拌至八分筋状态。

03 将面团分割成1460g、490g，参照第161页做法6~8进行基本发酵、冷藏松弛。

▽

大理石巧克力片

04 参照第23页完成"大理石巧克力片"的制作，最后是擀压平整成25cm×18cm片状，冷藏。

▽

折叠裹入

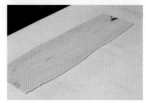

05 参照"大理石杏仁花环"第168页做法4~8，将大理石巧克力片包裹入大面团（1460g）中，延压成厚约0.5cm的长片。

06 参照第168页起做法9~12，完成4折1次的折叠作业。

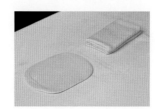

07 另将外皮面团（490g）擀压延展成稍大于折叠面团的片状。

提示

外皮面团的重量约为面团总重量的1/4。

08 将擀好的外皮面团覆盖在折叠面团上，沿着四边稍加捏紧贴合，包覆塑料袋，冷冻松弛30分钟。

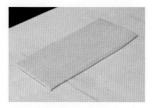

09 将面团延压平整、展开：先将宽度压成约30cm；再转向，延压平整成长度不限、厚度约0.7cm的长片。用塑料袋包覆，冷冻松弛约30分钟。

▽

分割、整形、最后发酵

10 将面团裁切成30cm×6cm的小片（每片约220g）。

11 再将长条片由前端往下纵切至底分开（前端预留，不切断）。

12 将两条分支从上而下交错编结至底。

13 分支两端稍按压密合,再将面团卷起成立体球形。

14 收口置于底。

15 放入模型中,置室温下30分钟,待解冻回温。

16 再放入发酵箱,最后发酵约90分钟(温度28℃,湿度75%),取出后在室温下干燥5~10分钟。

▽

烘烤、表面装饰

17 压盖烤盘,放入烤箱,以上火180℃ / 下火220℃烤约22分钟,出炉。

18 脱模。

19 将底部朝上,表面涂刷果胶。

20 沾裹杏仁粒。

21 筛洒糖粉。

22 中央挤上覆盆子果酱。

23 用开心果碎点缀。

4

软弹细致，
布里欧面包

Brioche

经典的法式奶油面包，
以富含奶油与牛奶为特色，面团风味最为馥郁。
质地松软宛如棉花般细致，与可颂面包的成分相近，
配方的黄油含量至少达到面粉量的 30%；
不同的是，可颂的黄油是通过反复擀折裹入面团里，
而布里欧的黄油则是直接揉入面团中，
且因黄油含量大不容易融合于面团，
所以配方中常会有大量的蛋以帮助乳化。

Recipe. 44

柚香布里欧吐司

在面团内包入杏仁奶油馅、葡萄干、柚子丝，
再让切口断面在编结中外翻，显露夹层里的内馅，
表层再淋上糖霜，看起来像是糕点般。

类型——布里欧类，糖油搅拌法

难易度——★★

基本工序

搅拌
- **糖油搅拌。** 将黄油与糖搅拌松发，加入蛋搅拌至
  融合，加入其他材料搅拌均匀，冷冻12小时。
- **主面团。** 将糖油面团、主面团所有材料慢速搅拌
  成团，转中速搅拌至表面光滑、筋度九分。
- 搅拌完成时面温25℃。

▽

基本发酵
- 60分钟。

▽

分割
- 分割成每份250g。

▽

中间发酵
- 30分钟。

▽

整形
- 擀成片状，抹内馅，3折，稍擀平，中央纵切而不
  断，编结成型，放入模型中。

▽

最后发酵
- 发酵90分钟（温度28℃，湿度75%）。

▽

烘烤
- 涂刷全蛋液。
- 烤22分钟（180℃／200℃）。
- 挤上糖霜，用开心果碎点缀。

《 材料 》

▼ **糖油面团**（813g）

全蛋…200g
蛋黄…100g
细砂糖…200g
发酵黄油…250g
奶粉…60g
香草荚酱…3g

▼ **主面团**（1350g）

高筋面粉…900g
低筋面粉…100g
盐…15g
牛奶…300g
鲜酵母…35g

▼ **内馅**

杏仁奶油馅（第33页）…240g
葡萄干…160g
柚子丝…160g

▼ **表面用-糖霜**

糖粉…100g
牛奶…20g

《 做法 》

事前准备

01　吐司纸模。

▽

糖霜

02　将过筛糖粉与牛奶充分搅拌混合至均匀浓稠状态，备用。

▽

糖油搅拌法

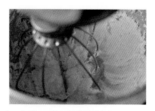

03　细砂糖、黄油搅拌松发。

04　分次慢慢加入全蛋、蛋黄搅拌融合，加入奶粉拌匀。

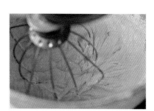

05　再加入香草荚酱拌匀，冷冻约12小时。

06　将上一步成品、主面团所有材料先慢速搅拌均匀成团。

07　转中速搅拌至表面光滑、筋度九分（可完全扩展）状态，完成时面温约25℃。

▽

基本发酵

08　面团在室温下进行基本发酵约60分钟。

▽

切割、中间发酵

09　分割面团成每份250g，将切口收合并置底，滚圆，中间发酵约30分钟。

▽

整形、最后发酵

10　将杏仁奶油馅与葡萄干、柚子丝搅拌混合均匀。

11 做成内馅。

12 将面团轻拍压后用擀面棍由中间向前、后擀开成长方片。翻面，抹上内馅。

13 将己侧1/3面团向前折。

14 再将前端1/3面团向下折。

15 用擀面棍压平。

16 翻面（收口朝上），稍按压面团，用刀从上端切至底（上端预留不切断）。

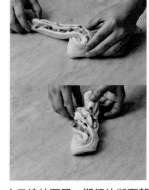
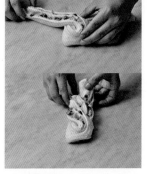

17 交叉编结面团，期间让断面朝上。

18 压合收口。

19 放入模型中，放入发酵箱，最后发酵约90分钟（温度28℃，湿度75%）。

20 待发酵至模型的八分满，表面薄刷全蛋液。

▽

烘烤、表面装饰

21 放入烤箱，以上火180℃/下火200℃烤约22分钟，出炉。

22 表面挤上糖霜，洒上开心果碎即可。

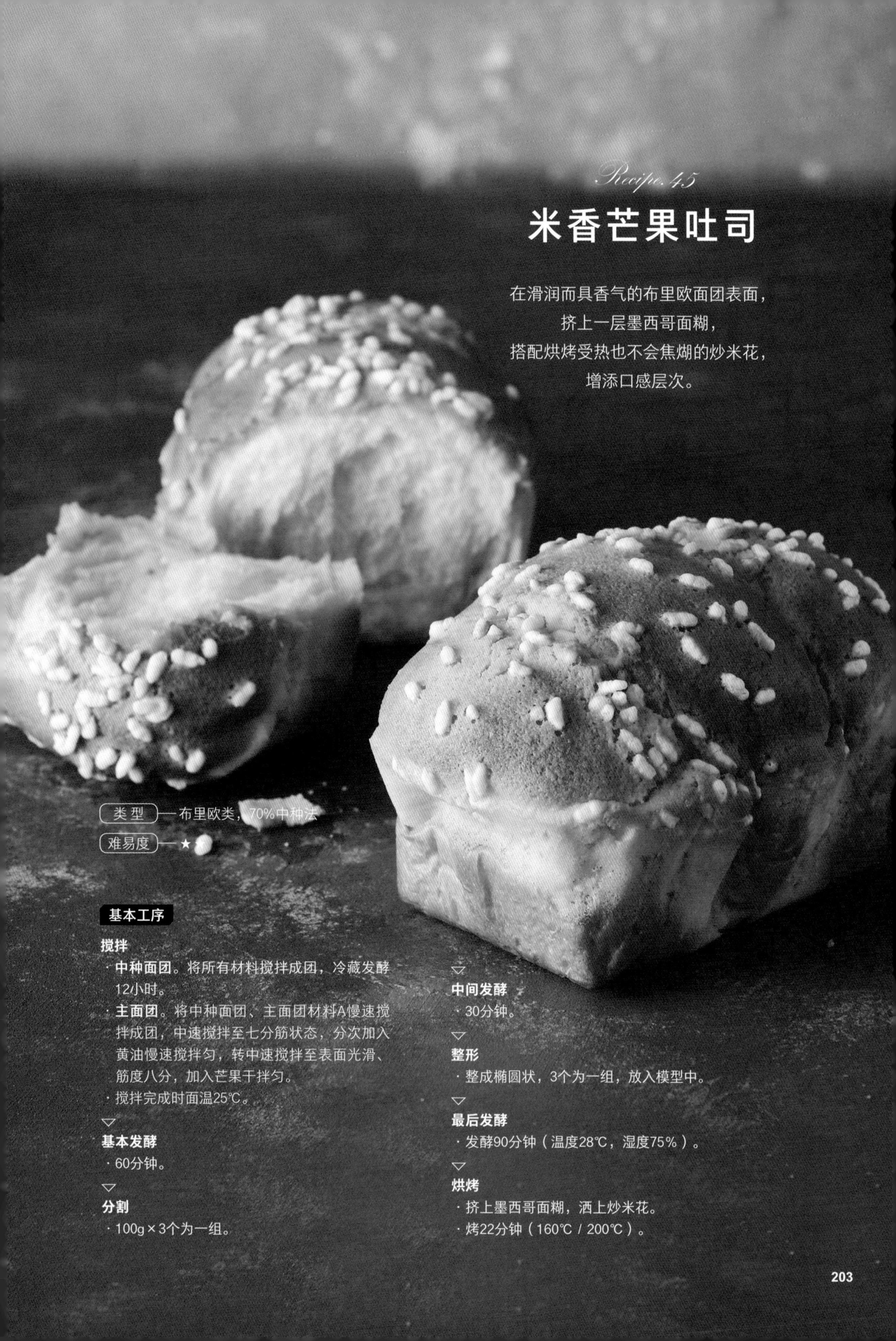

Recipe.45

米香芒果吐司

在滑润而具香气的布里欧面团表面，
挤上一层墨西哥面糊，
搭配烘烤受热也不会焦煳的炒米花，
增添口感层次。

类型 — 布里欧类，70%中种法

难易度 — ★★

基本工序

搅拌

· **中种面团**。将所有材料搅拌成团，冷藏发酵12小时。

· **主面团**。将中种面团、主面团材料A慢速搅拌成团，中速搅拌至七分筋状态，分次加入黄油慢速搅拌匀，转中速搅拌至表面光滑、筋度八分，加入芒果干拌匀。

· 搅拌完成时面温25℃。

▽

基本发酵

· 60分钟。

▽

分割

· 100g×3个为一组。

▽

中间发酵

· 30分钟。

▽

整形

· 整成椭圆状，3个为一组，放入模型中。

▽

最后发酵

· 发酵90分钟（温度28℃，湿度75%）。

▽

烘烤

· 挤上墨西哥面糊，洒上炒米花。

· 烤22分钟（160℃／200℃）。

《 材料 》

▼ 中种面团（1215g）

高筋面粉…700g
细砂糖…60g
全蛋…240g
蛋黄…200g
鲜酵母…15g

▼ 主面团（1295g）

A
┌ 高筋面粉…300g
│ 细砂糖…120g
│ 盐…15g
│ 鲜酵母…20g
└ 现榨柳橙汁…240g

B — 发酵黄油…300g

C
┌ 芒果干…300g
└ 炒米花…适量

▼ 墨西哥面糊（385g）

发酵黄油…100g
糖粉…100g
全蛋…85g
低筋面粉…100g

《 做法 》

事前准备

01　吐司纸模。

▽

墨西哥面糊

02　将黄油、糖粉搅拌均匀。

03　加入全蛋、过筛面粉，拌匀即成。

▽

中种面团

04　将中种面团的所有材料慢速搅拌均匀成团。将面团覆盖保鲜膜，室温发酵30分钟，再移置冷藏（约5℃）发酵12小时。

▽

混合搅拌－主面团

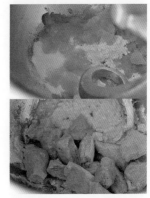

05　将中种面团、材料A慢速搅拌均匀成团，转中速搅拌至面筋形成七分。

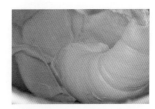

06　再分3次加入黄油，以慢速搅拌均匀。

07　转中速搅拌至面团表面光滑、筋度八分，再加入芒果干混合拌匀即可（完成时面温约25℃）。

基本发酵

08　将面团放置室温下基本发酵约60分钟。

▽

切割、中间发酵

09　将面团按100g分割（每3个为一组）。

10　切口收合滚圆，再加以捏紧，中间发酵约30分钟。

▽

整形、最后发酵

11　将面团滚圆。

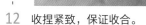

12　收捏紧致，保证收合。

13　再揉成椭圆状。

14　以3个为一组。

15　面团收口朝下放入铺好烤焙纸的吐司纸模中。

16　放入发酵箱，最后发酵90分钟（温度28℃，湿度75%）。

17　待发酵至八分满，表面挤上墨西哥馅（50g）。

18　洒上炒米花。

▽

烘烤

19　放入烤箱，以上火160℃／下火200℃烤约22分钟，即可出炉。

Recipe.46

云朵皇冠布里欧

表层被简单地切划后，
膨胀起来的样子相当漂亮有型。
质地滑润，奶香味绝佳，
内层口感松软。

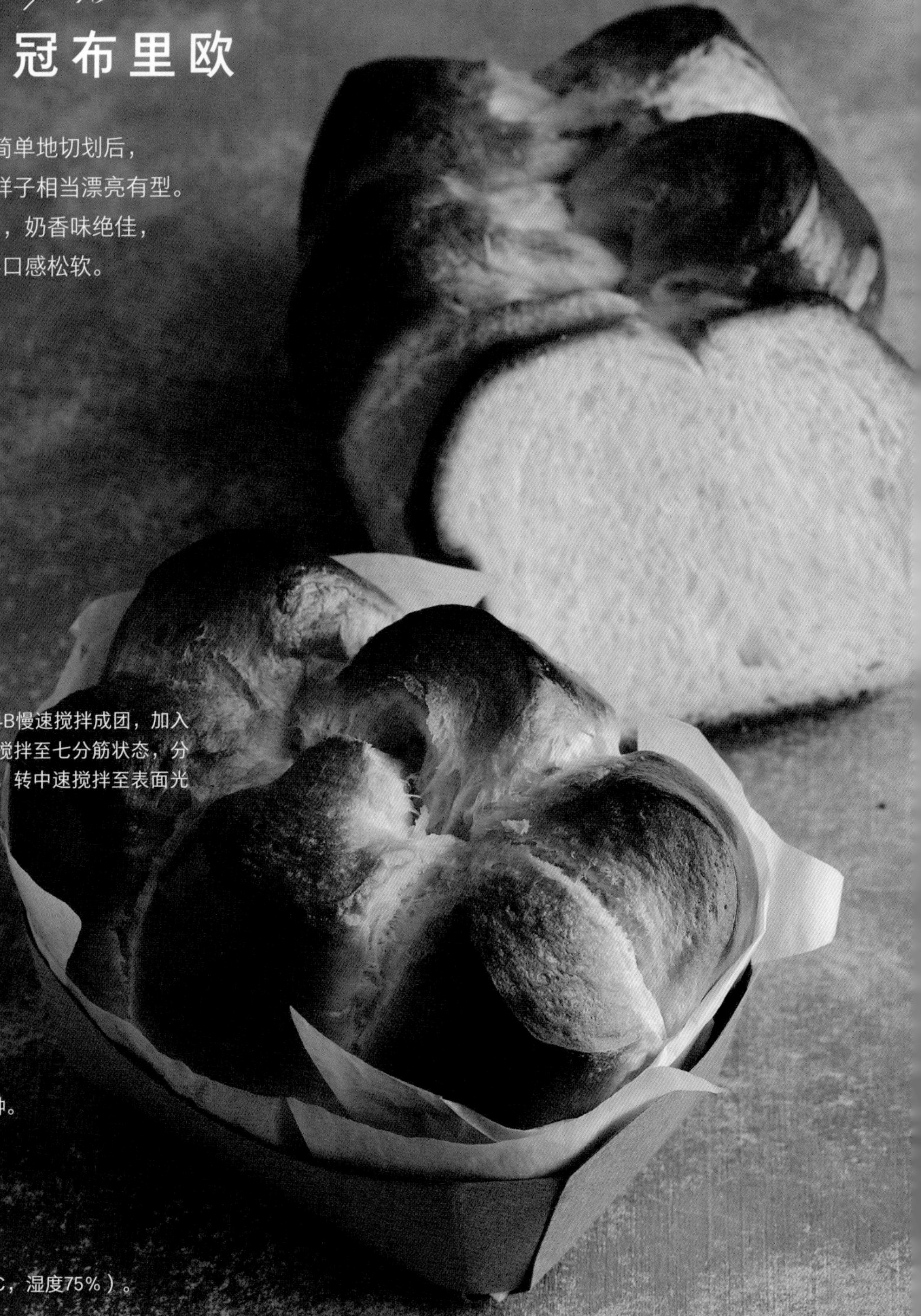

类型 — 布里欧类

难易度 — ★★

基本工序

搅拌

· 材料A拌匀，加入材料B慢速搅拌成团，加入鲜酵母拌匀，转中速搅拌至七分筋状态，分次加入黄油慢速拌匀，转中速搅拌至表面光滑、筋度九分。

· 搅拌完成时面温25℃。

▽

基本发酵

· 60分钟。

▽

分割

· 100g×3个为一组。

▽

中间发酵

· 收合滚圆，发酵30分钟。

▽

整形

· 整成卷形。

▽

最后发酵

· 发酵90分钟（温度28℃，湿度75%）。

▽

烘烤

· 刷蛋液，剪小刀口，挤黄油。

· 烤22分钟（170℃ / 200℃）。

《 材料 》

▼ **面团**（2160g）

A ┌ 高筋面粉…1000g
　├ 上白糖…160g
　└ 盐…15g

B ┌ 蛋黄…200g
　├ 全蛋…250g
　├ 淡奶油…100g
　└ 水…100g

C ┌ 鲜酵母…35g
　└ 发酵黄油…300g

《 做法 》

事前准备

01　吐司纸模。

▽

混合搅拌

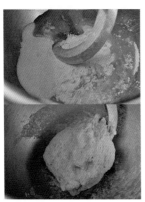

02　材料A先混合拌匀，加入材料B慢速搅拌均匀成团。

03　加入鲜酵母慢速搅拌均匀后，转中速搅拌。

04　待面团搅拌至七分筋状态。

05　分3次加入黄油，以慢速搅拌。

06　再转中速搅拌至表面光滑、筋度九分（完成时面温约25℃）。

提示

上白糖可用等量的细砂糖代替。

▽

基本发酵

07　将面团放置室温下基本发酵约60分钟。

▽

切割、中间发酵

08　将面团分割成每个100g。

09　收合切口并置底，滚圆。

10　中间发酵约30分钟。

▽

整形、最后发酵

11 将面团滚圆稍拍扁，用擀面棍从中间朝上、下擀压成长片状。

12 翻面，将后端稍延压开（帮助黏合）。

13 将面团从前端往下卷起，收口置于底。

14 以3个为一组，收口朝下放入吐司模中（重300g）。

15 放入发酵箱，最后发酵约90分钟（温度28℃，湿度75%），发酵至吐司模的八分满。

▽

烘烤

16 表面薄刷全蛋液。

17 在面团表面的中间剪出小刀口。

18 挤上少许黄油。

提示
在切口挤上少许黄油，烘烤后会形成漂亮的裂纹。

19 放入烤箱，以上火170℃／下火200℃烤约22分钟，出炉。

208

酣吉烧布里欧

膨松口感的布里欧面团里，包藏着香甜不腻的地瓜馅，
表面淋上焦糖牛奶酱，洒上酥菠萝，
散发浓郁奶香气味，滑润而顺口。

基本工序

搅拌

· 将所有材料（除上白糖）慢速搅拌成团，加
入鲜酵母拌匀，转中速搅拌至七分筋状态，
再分次加入黄油慢速搅拌匀，加入上白糖搅
拌匀，转中速搅拌至表面光滑、筋度九分。

· 搅拌完成时面温25℃。

▽

基本发酵

· 60分钟。

▽

分割

· 切割成每份300g。

▽

中间发酵

· 30分钟。

▽

整形

· 拍扁，铺上地瓜馅，芝士片，卷成圆筒状，
分切成3段，转向放入模型中。

▽

最后发酵

· 90分钟（温度28℃，湿度75%）。

· 挤上焦糖牛奶馅，洒上酥菠萝。

▽

烘烤

· 烤28分钟（170℃ / 220℃）。

· 筛洒糖粉。

类 型 ——布里欧类，后糖搅拌法

难易度 —— ★★

《 材料 》

▼ **面团**（2230g）

A ┌ 高筋面粉…1000g
  │ 上白糖…180g
  └ 盐…15g

B ┌ 牛奶…250g
  │ 蛋…200g
  └ 水…200g

C ┌ 鲜酵母…35g
  └ 发酵黄油…350g

▼ **焦糖牛奶酱**

细砂糖…70g
蜂蜜…30g
淡奶油…80g

▼ **内馅**（每条）

地瓜馅…70g
芝士片…3片

▼ **表面用**

酥菠萝（第108页）、糖粉

《 做法 》

焦糖牛奶酱

01 将细砂糖、蜂蜜煮至焦化。

02 慢慢加入淡奶油，拌煮至浓稠。

混合搅拌

03 将材料A（除上白糖外）先混合拌匀，加入材料B慢速搅拌均匀成团。

04 再加入鲜酵母慢速搅拌均匀后，转中速搅拌。

05 待面团搅拌至七分筋状态。

06 分3次加入黄油并以慢速搅拌。

07 加入上白糖搅拌均匀，再转中速搅拌至面团表面光滑。

08 搅拌至九分筋状态（完成时面温约25℃）。

提示

上白糖可用等量的细砂糖代替。

基本发酵

09 将面团放置室温下基本发酵约60分钟。

切割、中间发酵

10 将面团分割成每份300g，收合切口并置底，滚圆。

11 中间发酵约30分钟。

整形、最后发酵

12 将面团拍压平，作对折翻面，将气体排出。

13 再来回轻拍压，成长片状。

14 翻面纵放，将后端稍延压展开（帮助黏合）。

15 抹上地瓜馅（约70g）。

16 再铺放上芝士片。

提示

地瓜馅的做法是：将地瓜烤熟后，剥除外皮，捣压成泥。

17 将面团从前端卷起。

18 收口于底，成圆柱状。

19 再分切成3等份。

20 切口断面朝上，放入吐司模中。

21 放入发酵箱，最后发酵约90分钟（温度28℃，湿度75%）。

22 待发酵至八分满，挤上焦糖牛奶酱。

23 表面洒上酥菠萝。

烘烤、表面装饰

24 放入烤箱，以上火170℃／下火220℃烤约28分钟，出炉。

25 表面筛洒上糖粉即可。

Recipe.48

潘那朵妮

以传统方法烘烤，香气、风味十分浓郁，
保存时间较长。
面包体里有酒渍果干，散发迷人香气，
且随着存放时间的延长，风味越加熟成可口。

基本工序

前置作业
· 将果干材料拌匀，冷藏浸渍7天。

▽

搅拌
· 中种面团：将所有材料搅拌成团，室温发酵2
小时，冷藏发酵12小时。
· 主面团：将材料A慢速搅拌成团，加入中种
面团搅拌均匀，转中速搅拌至筋度七分，分
次加入黄油慢速拌匀，转中速搅拌至表面光
滑、筋度九分，加入浸渍入味的果干拌匀。
· 搅拌完成时面温25℃。

▽

基本发酵
· 90分钟。

▽

分割
· 分割成每份350g。

▽

中间发酵
· 30分钟。

▽

整形
· 成球状，放入模型中。

▽

最后发酵
· 发酵120分钟（温度28℃，湿度75%）。
· 涂刷全蛋液，割十字刀纹，挤上黄油。

▽

烘烤
· 烤25分钟（175℃／170℃）。

类 型 ——布里欧类
难易度 —— ★★★

《 材料 》

▼ **中种面团**（771g）

高筋面粉…500g
水…266g
麦芽精…3g
高糖酵母…2g

▼ **主面团**（2078g）

A
高筋面粉…500g
水…134g
盐…15g
全蛋…267g
细砂糖…150g
高糖酵母…12g

B — 发酵黄油…400g

C
葡萄干…200g
杏桃干…100g
橘皮丁…100g
柠檬皮丝…100g
君度橙酒…100g

《 做法 》

事前准备

01　圆形纸模。

▽

前置作业

02　将所有材料C混合拌匀，密封冷藏浸渍约7天，至充分入味。

▽

中种面团

03　将高糖酵母先加入水中拌匀溶化，再和中种面团的其他材料一起，以慢速搅拌均匀成团。

04　将面团覆盖保鲜膜，室温发酵2小时，再移置冷藏室（约5℃）发酵12小时。

▽

混合搅拌－主面团

05　将材料A以慢速搅拌均匀。

06　加入中种面团搅拌成团。

07　转中速搅拌至面筋形成七分。

08　再分3次加入黄油，并以慢速搅拌均匀。

09　转中速搅拌至表面光滑、筋度九分。

10　加入做法2的浸渍果干混合拌匀（完成时面温约25℃）。

基本发酵

11 将面团放置室温下基本发酵约90分钟。

切割、中间发酵

12 将面团分割成每份350g。

13 收合切口并置底,滚圆,中间发酵约30分钟。

整形、最后发酵

14 将面团拍压平,再作对折翻面,将气体排出。

15 滚圆,整形成平滑饱满的圆球状。

16 捏紧收口。

17 收口朝下,放入纸模中,沿着面团周围紧压,让中间的面团凸起。

18 放入发酵箱,最后发酵约120分钟(温度28℃,湿度75%)。

19 待面团发酵至杯模的九分满,在表面涂刷全蛋液。

20 用小刀在表面切划出十字形切痕。

21 在切痕处挤上黄油。

烘烤

22 放入烤箱,以上火175℃/下火170℃烤约25分钟,出炉后连同纸模一起置放在凉架上冷却。

23 完成的断面组织。

摩卡巧克力潘那朵妮

传统上使用砂糖、蛋、黄油，
以及特定比例的酒渍果干，搭配老面制作，
这里改搭配中种面团，并改果干为乳酪馅、巧克力，
做成带有咖啡香气的风味。

基本工序

搅拌

- 中种面团。将所有材料搅拌成团，室温发酵2小时，冷藏发酵12小时。
- 主面团。将主面团材料A慢速搅拌成团，加入中种面团拌匀，转中速搅拌至筋度七分，分次加入黄油慢速拌匀，转中速搅拌至表面光滑、筋度九分，加入水滴巧克力拌匀。
- 搅拌完成时面温25℃。

基本发酵

- 90分钟。

分割

- 分割成每份350g。

中间发酵

- 30分钟。

整形

- 滚圆，拍扁，挤上乳酪馅，撒上水滴巧克力，3折，再挤上乳酪馅，撒上水滴巧克力，收整成圆球状，放入模型中。

最后发酵

- 发酵120分钟（温度28℃，湿度75%）。
- 挤上巧克力面糊，放上杏仁片、珍珠糖、糖粉。

烘烤

- 烤25分钟（175℃ / 170℃）。
- 洒糖粉。

类型——布里欧类

难易度——★★★

215

▼ **中种面团**（771g）

高筋面粉…500g
水…266g
麦芽精…3g
高糖酵母…2g

▼ **主面团**（1698g）

A ⎡ 高筋面粉…500g
   │ 水…134g
   │ 盐…15g
   │ 全蛋…267g
   │ 细砂糖…150g
   │ 高糖酵母…12g
   ⎣ 即溶咖啡粉…20g
B – 发酵黄油…400g
C – 水滴巧克力…200g

▼ **内馅**

乳酪馅
A ⎡ 奶油奶酪…400g
  │ 糖粉…40g
  ⎣ 牛奶…18g
B – 水滴巧克力

▼ **表面用**

巧克力面糊（做法见后一页）
杏仁片、珍珠糖、糖粉

————《 做法 》————

乳酪馅

01　将奶油奶酪加入细砂糖拌匀，
　　再加入牛奶搅拌混合均匀即
　　可。

▽

中种面团

02　将高糖酵母先加入水中拌匀溶
　　化。将中种面团的其他材料、溶
　　化的酵母慢速搅拌均匀成团。

03　再将面团覆盖保鲜膜，室温
　　发酵2小时，再移置冷藏（约
　　5℃）发酵12小时。

▽

混合搅拌－主面团

04　将材料A慢速搅拌均匀成团，
　　加入中种面团搅拌均匀，再转
　　中速搅拌至面筋形成七分，
　　再分3次加入黄油慢速搅拌均
　　匀，再转中速搅拌至表面光滑
　　的九分筋状态。

05　加入水滴巧克力混合拌匀
　　（完成时面温约25℃）。

▽

基本发酵

06　将面团放置室温下基本发酵约
　　90分钟。

▽

切割、中间发酵

07　将面团分割成每份350g。

08　收合切口并置底，滚圆，中间
　　发酵约30分钟。

▽

整形、最后发酵

09　将面团拍压平，作对折翻面，
　　将气体排出。

10　拍平成椭圆形。

11 翻面，挤上乳酪馅（30g）。

12 撒上水滴巧克力。

13 将前端1/3面团往后折卷。

14 再将后端1/3面团往前折卷，成3折。

15 表面再挤上乳酪馅、撒上水滴巧克力。

16 再将面团的四角两两拉起。

17 捏紧收口，整成平滑饱满的圆球状，收口朝下，放入纸模中。

18 放入发酵箱，最后发酵约120分钟（温度28℃，湿度75%）。

19 待面团发酵至杯模的九分满，在面团表面挤上巧克力面糊。

20 放上杏仁片、珍珠糖，筛洒上糖粉。

▽

烘烤

21 放入烤箱，以上火175℃／下火170℃烤约25分钟，出炉后连同纸模一起置放在凉架上冷却，再筛洒上糖粉即可。

巧克力面糊

《 **材料** 》

发酵黄油100g、糖粉50g、全蛋50g、杏仁粉30g、低筋面粉70g、可可粉10g

《 **做法** 》

将黄油、糖粉搅拌松软，加入蛋、过筛的其他各粉类混合拌匀即可。

Recipe.50

培根乡村布里欧

表层涂满色彩浓郁的红酱，
还有香气十足的培根、蔬食等，
营造出丰富的视觉与口感，
咸鲜的滋味与柔软的面包体相当地合拍。

(类 型)——布里欧类，后糖法
(难易度)——★★

基本工序

搅拌
· 将所有面团材料A、B（除上白糖外）先慢速搅拌
  成团，加入鲜酵母拌匀，转中速搅拌至七分筋，
  分次加入黄油慢速搅拌匀，加入上白糖搅拌匀，
  转中速搅拌至表面光滑、筋度九分。
· 搅拌完成时面温25℃。

▽

基本发酵
· 60分钟。

▽

分割
· 分割成每个80g。

▽

中间发酵
· 30分钟。

▽

整形
· 制作红酱（待用）。
· 擀成长片，铺上培根、芝士丝，卷起，3个为一
  组，对切（不切断），放入模型中。

▽

最后发酵
· 90分钟（温度28℃，湿度75%）。

▽

烘烤
· 抹上红酱，放上蔬果、芝士丝。
· 烤35分钟（200℃／220℃）。
· 刷油，撒上干燥香葱。

《 材料 》

▼ 面团 (2075g)

A
- 高筋面粉…900g
- 法国粉…100g
- 上白糖…120g
- 盐…20g

B
- 全蛋…200g
- 牛奶…200g
- 水…250g

C
- 鲜酵母…35g
- 发酵黄油…250g

▼ 红酱馅

A
- 猪绞肉…200g
- 洋葱丝…130g
- 猪油…50g

B
- 番茄糊…70g
- 意大利香料…10g
- 盐…少许
- 细砂糖…少许
- 黑胡椒粒…少许
- 淡奶油…70g
- 土豆泥…100g

C – 芝士丝…30g

▼ 内馅与表层 (每条)

A
- 培根…3片
- 芝士丁…30g

B
- 小番茄…3颗
- 黑橄榄片…4颗
- 芝士丝…30g

▼ 装饰用

橄榄油、干燥香葱

《 做法 》

事前准备

01　300g吐司模。

▽

红酱馅

02　锅中放入猪油，炒香洋葱丝，再放入猪绞肉拌炒至肉色变白，加入材料B煮至入味，放入芝士丝即成红酱馅。

▽

混合搅拌

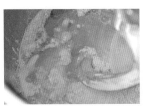

03　面团材料A（除上白糖外）、材料B混合拌匀。

04　慢速搅拌均匀成团。

05　加入鲜酵母慢速搅拌均匀后，转中速搅拌。

06　待面团搅拌至出七分筋。

07　分3次加入黄油并慢速搅拌。

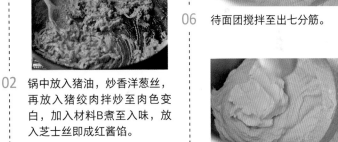

08　加入上白糖搅拌均匀，再转中速搅拌至表面光滑的九分筋状态（完成时面温约25℃）。

219

基本发酵

09 将面团放置室温下基本发酵约 60分钟。

切割、中间发酵

10 将面团分割成每份80g，收合切口并置底，滚圆。

11 中间发酵约30分钟。

整形、最后发酵

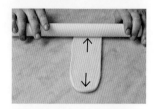

12 将面团轻拍压后，用擀面棍从中间朝前、后擀成长片状。

13 翻面，将后端稍压延开（帮助黏合）。

14 铺放上培根片。

15 再铺放上芝士丁（10g）。

16 将面团从前往后卷起，收口置于底，成长条状。

17 以3个为一组，对切（不切断）。

18 切口断面朝上，放入吐司模中。

19 放入发酵箱，最后发酵约90分钟（温度28℃，湿度75%）。

烘烤

20 待发酵至吐司模的七分满，抹上红酱馅（75g）。

21 再放上对切的小番茄（6块）、黑橄榄片（8片），最后撒上芝士丝（30g）即可。

22 放入烤箱，以上火200℃ / 下火220℃烤约35分钟，出炉、脱模，涂刷橄榄油，撒上干燥香葱即可。

蘑菇百汇布里欧

布里欧面团中包卷入芝士、熏鸡肉，
表层再淋上特制的蘑菇白酱。
集口感、香气与视觉为一身的咸味布里欧。

类型 ——布里欧类，后糖法

难易度 ——★★

基本工序

搅拌

· 将所有面团材料A、B（除上白糖外）先慢速
  搅拌成团，加入鲜酵母拌匀，转中速搅拌至
  七分筋，分次加入黄油慢速搅拌匀，加入上
  白糖搅拌匀，转中速搅拌至表面光滑、筋度
  九分。

· 搅拌完成时面温25℃。

▽

基本发酵

· 60分钟。

▽

分割

· 分割成每个80g。

▽

中间发酵

· 30分钟。

▽

整形

· 制作野菇酱（待用）。

· 擀成长片，铺上熏鸡腿肉、芝士丁，卷起，3个
  为一组对切（不切断），放入模型中。

▽

最后发酵

· 90分钟（温度28℃，湿度75%）。

▽

烘烤

· 铺上白酱等馅料，烤35分钟（200℃ /
  220℃）。

· 刷油，洒上干燥香葱。

 《 材料 》

▼ 面团（2075g）

A
- 高筋面粉…900g
- 法国粉…100g
- 上白糖…120g
- 盐…20g

B
- 全蛋…200g
- 牛奶…200g
- 水…250g

C
- 鲜酵母…35g
- 发酵黄油…250g

▼ 野菇馅

A
- 高筋面粉…15g
- 发酵黄油…15g
- 淡奶油…150g
- 全蛋…30g
- 芝士丝…60g
- 蘑菇酱…70g
- 盐…5g

B
- 猪油…50g
- 金针菇…150g
- 蘑菇片…150g

▼ 内馅（每条）

鸡腿肉…60g
芝士丁…30g

▼ 表层用（每条）

杏鲍菇…4块
红甜椒…3片
黄甜椒…3片
芝士丝…30g

▼ 装饰用

橄榄油、干燥香葱

《 做法 》

事前准备

01　300g吐司模。

▽

野菇馅

02　将面粉放入锅中稍拌炒，加入
　　黄油拌匀，再加入其他材料A
　　拌煮均匀。

03　另起锅，放入猪油，加入金针
　　菇、蘑菇片拌炒香。

04　再加入做法2煮至浓稠。